Personal Construct Counselling
in Action

Fay Fransella Peggy Dalton

构念心理咨询实务

[英] 费·弗兰赛拉

佩吉·道尔顿

著

王堂生 等 / 译

重庆大学
出版社

致　谢

　　我们要感谢温迪·德雷顿，也就是这套系列丛书的编辑，感谢他在本书著述过程中给予的帮助。

序

  个人构念心理学我以前就有所耳闻，但从没有进行过详细的了解；而对心理咨询实务，我只能算是一个在心理学领域"浪迹"多年却没有做过正式心理咨询的"门外汉"。之所以斗胆为本书做序，最初是受我的博士生王堂生之托。2006年，他的硕士研究生毕业论文设计选择的就是个人构念心理学的分析方法，单就他十余年来一直坚持同样一个研究话题领域而兴趣不减来看，这个领域一定有一些引人入胜的地方，因此我答应了他的请求。虽说发心于此，但翻看此书，结合自己这些年走过的道路，我发现从本书所阐释的个人构念心理咨询实务中，也能找出与我本人相关的某些方面的联结。

  第一个联结是亲朋好友甚至陌生人，会因为我做心理学研究的缘故，通过各种途径来找我做心理咨询或者治疗。我经常会花费一两个小时的时间来向对方解释我不是心理咨询师或心理治疗师。这期间，我就得介绍什么是心理学，什么是心理咨询，二者的区别在哪里。但是真正要让对方明白，还是得说一下心理咨询的由来以及它与心理学的关系，让对方静下心来，倾听科学心理学的产生与发展，了解心理咨询的历史和沿革，乃至理解某些精神分析、行为主义和人本主义的概念，这或者算是一种知识层面的"心理咨询"吧。

第二个联结是因为近来我的大学同学彭凯平教授在中国发起了一场积极心理学的运动，我们常常会在一起讨论与幸福相关的心理学话题，这个也绕不开心理疾病和治疗的概念。积极心理学运动是在美国心理学家塞利格曼发起之初，因为既往的心理学研究过于关注人的消极和负面的心理现象，而展开的一场"纠偏"工作。积极心理学研究关注人类的积极品质和优势性格，倡导幸福的心理学教育和研究，其指向和社会功用还是有治"未病"的意蕴。虽则重在预防，但对所要预防的对象，即如果没有成功预防会有什么现象发生，多少还是要有一定的了解的。

第三个联结则是我较为熟悉的，有过切身体会并且在这里要详细说一说的，即心理咨询与我在数十年间做的田野研究有很多相似之处。

田野研究常常会用的一个方法是参与式观察。参与式观察需要心理学里所说的同理心，或者叫共情——你得和被观察的对象生活在一起，努力争取成为他们中的一份子，做他们所做的，吃他们所吃的，喝他们所喝的，简单地说就是吃喝拉撒都要入乡随俗，这样才会感同身受，明白他们说每句话的用意和话外之意。一句话，就如在做田野调查的时候，研究者得住在对象所住的地方的，人类学叫在场，就像咨询师在做咨询的时候，要深入到来访者的内心世界中那样。

二者相仿的一个地方是都有对话。田野研究叫作访谈，心理咨询叫作倾听和回应。参与式观察的访谈和一般的调查不同，它不是像做问卷那样，一个问题一个问题地回答，回答完了就走人。它要求访谈者尽量贴近访谈对象的生活，访谈常常是以聊天的形式进行的，不会唤起对方被采访的"镜头"意识。这样才能够让对方表现出日常生活的状态，确保说的话也是真实想法的表达，甚至还可以去聊一些深入的问题，比如叙述情感方面的个人经历、回忆那些可能具有创伤性的情境。只有这样，参与式观察才具有发现问题的可能，记录下来的资料才具有更大的价值。我想这种贴近对方对话的做法，是心理咨询和参与式观察比较相仿的地方。

二者相仿的另一个地方是感同身受。为了了解对方的真实想法，传达当事人真实深刻的感受，写出前人或者作为一般旁观者没有发现的生活素材，感同身受是常常要经历的一个阶段。对方哭泣时，研究者能够感受到当事人悲伤的程度，知道他（她）因什么事情而哭泣，他（她）的信念系统里的哪些观念加重了或者抚慰了他（她）的悲伤。对方开心时，他（她）的笑容常常是怎么表现出来的，在哪些场景他（她）会表现，哪些场景则会换一种表现的方式。研究者自己在当事人面前扮演的是什么角色，这些都需要反思和觉察。

我们在进入田野的一大问题就是如何介绍自己，好让当地人对调查者有一个合适的角色安置。对方往往很难理解民族志或者人类学研究者这样一个身份，他们的观念系统里没有。但不论如何，他们最终会找到一个让他们坦然相处的"构念"（凯利的这个概念提得很好，能恰到好处地描述这里的意思）——比如做木材生意的、走亲戚的等。

第三个相仿的地方是，能够把对象"读"得更深入一点儿。有时候当事人的感受是真切存在的，但是他（她）可能无以言表，只是体验到了、表现出来了，但是他（她）无法用语言或者理性的东西去分析某些现象和际遇。研究者因为有许多对比的案例和解释的理论，所以能有一些"洞见"，能言对方所未言。就像精神分析学派对潜意识的剖析（吴和鸣兄形象地称之为"抓鬼"），认知行为疗法（简称CBT）对自动思维的识别一样。

第四个相仿的地方——要进得去、出得来。田野调查是有风险的，有时候甚至会危及生命。费孝通先生的夫人王同惠女士在做花篮瑶的调查中意外牺牲了，被费先生称为为中国人类学研究献出生命的第一人，这是野外的风险。美籍华裔作家张纯如女士为了详细还原"二战"日军的暴行，接触了大量触目惊心的史料，人性的阴暗面带给她巨大的心理冲击，在此过程中又受到了日本右翼分子的威胁恐吓，加上个人的敏感特质，最后陷于抑郁症而自杀，这是研究者可能会面临的风险。心理咨询师同样会面临类似的困境——他们设身处地地倾听来访者，进入来访者生活的情境，仿佛（as if）在亲历来访者那惊心动魄的故事，这是第一步。第二步，心理咨询师还得能够安全出来，并且尽量带着来访者一起安全地走出来。心理咨询也不能有过度的反移情，所以钱铭怡教授在近些年反复强调伦理的设置，要有清晰的边界意识，一方面为了保护来访者，另一方面也是为了保护咨询师本人。

乔治·凯利是构念（construct）一词的首倡者，目前该词已经在社会生活中应用得十分广泛，它同时表达了个人主动性和观念制约性两个方面。大家经常会从动词上使用构建（construe），以表示自己所要做的工作是一个系统而全新的工程，而名词（construct）则一直没有统一的中文表达。我国台湾地区杨中芳教授等人使用的就是"构念"（杨中芳，1999），而大陆学者常常翻译不一，有译为"结构"的（Kelly，1998，郑希付译），有译为"构想"的（Schaie，2003，乐国安等译）。当本书译者王堂生在2006年完成其硕士毕业论文时，权衡了各方面的因素，还是选择将其翻译为"构念"，在本书中同样沿袭了这个译称。

该书除了广为人知的"构念"一词外，"个人（personal）"一词也具有特别的内涵。目前大部分心理学研究以心理变量作为研究的内容，换言之，由于心理学的研究对象是人，涉及的因素过于纷繁复杂，因此我们只好选取某个角度，或者某一个点进行深入的研究，而无法顾及其他因素的影响，常以心理变量指称，"个人"在这里就有以一种整体和系统的方式对一个个鲜活复杂的人进行理解的意思。这种研究的取向一直以变量作为研究内容的对立面而存在（Bergman & Magnusson, 1997），采用个人构念心理学的术语，是目前心理学主流研究范式的构念对立极。

通览此书，我认为作为个人构念心理咨询实务的著作，它有三个方面的特点：

其一，它遵从乔治·凯利的基本假设，首先深入简出地介绍了个人构念心理学的哲学理念——建构替换论。将一个人看作是研究他（她）自身生活的科学家，从这个隐喻我们就可以推导出很多角度的分析。首先是有关自然的分析，生活科学家是关心自己周围的自然世界的。然后是文化的影响，生活科学家借助语言和文化对周围的世界进行解释。最后是对生活的构念，生活科学家基于自己过去的经验，以过去生活经验作为实验的情境，对自己形成的构念进行检验和修正。

人类学领域一直有一个争论不休的话题：对于人类生活而言，自然和文化，谁更重要？在启蒙运动之前，宗教的力量占据了主导的力量，启蒙运动导致了科学的兴盛和发展，进化论出现之后，自然选择的力量得到了普遍的认可，但是高尔顿等人提倡的优生学则将这波自然主义的浪潮推向了极端（Freeman，2008）。这种自然主义的狂热完全否定了文化的外源性的影响，在"一战"前就普遍遭到了人类学家们一致的反对，但并没有受到重视。到了"二战"纳粹据此实行种族灭绝政策时，人们才意识到执其一端的偏颇。"二战"后，民族主权国家纷纷独立，种族隔离政策逐渐被废除，文化多元论、平等论等观点也逐渐受到重视并被人们普遍接受，但是自然和文化的纷争远没有结束。

20世纪50年代，认知心理学蓬勃发展，乔治·凯利的个人构念心理学被奉为先驱性的力量，随后信息加工理论、认知神经科学、认知神经心理学、人工智能（计算机模拟）等学科风起云涌，情绪和动机的研究被迫徘徊在心理学研究的边缘，到了20世纪末，进化心理学又粉墨登场了，与之前不同，这次强调的是基因遗传的力量。至此，在心理学领域，自然主义又占据了绝对的主流。

历史总是相似的，一种运动走到一定的极端，必然会有反弹的力量出现，文化心理学就在这种历史背景中应用而生。强调文化在人类行为中的重要影响，在人类学研究中已经有悠久的历史。不同的是，20世纪末逐渐兴起的文化心理学采用的仍然是自然主义的研究范式，文化常常只是作为控制变量或者调节变量出现，研究的方法大多是问卷调查、行为实验或者脑成像的技术，把文化源自生活的这一日常性和整体性切割开来，对文化变量的研究显得时有时无、扑朔迷离，同时也导致心理学的研究脱离了日常的生活，很不利于心理学"接地气"的学科发展。因此，我与一批同道发起了"心理学与中国发展论坛"，呼吁一种"迈向人民的心理学"。一方面，强调研究面向生活、面向人民的重要性；另一方面，也力图突破心理学研究中自然主义的藩篱，期望营造一种多元方法的研究生态。值得一提的是，在我国台湾地区，由杨国枢先生发起的本土心理学运动取得了丰硕的成果，大陆也连续举办了两届文化心理学高峰论坛，中国心理学人参与的热情都非常高。最近，在中国心理学会下已经成立了质性研究专业委员会，有望借助这一批学人的努力，在心理学领域发现文化对人类行为根本的作用。

本书的翻译和出版可以说是恰逢其时，倒不是因为建构替换论主张文化的力量更为重要，而是作为认知心理学的先驱学说，它提出的观点是反对二元论的主张，而不是像后来的认知心理学那样，过分强调作为信奉自然主义的科学家的主张。首先，它并没有否定情感、动机等因素的作用，它认为情感和认知是统一在经验之内的。这对于当前的认知心理学过于追求自然主义的倾向来说，不能不说是一个突破。在建构替换论中，有一个基本的论断是"所有构念都有其对立面"。我们以此推理，在强调自然对人类行为的力量的同时（为了彰显心理学的科学性），如果完全无视文化对人类行为的影响，是不符合科学的逻辑的。

其次，本书还吸收了一些新的心理治疗的方法和技术。个人构念心理学是凯利在心理咨询的实践中发展起来的，却被认为是认知心理学的奠基学说，所以称之为"认知取向的心理治疗技术"。在凯利去世后，心理咨询确实在认知治疗方面探索出了若干卓有成效的路径，如阿尔伯特·艾利斯的理性情绪疗法（ABC理论）和阿伦·贝克的认知行为疗法（CBT疗法）等。本书第4章 Tschudi 所谓的 ABC 模式就兼具 ABC 理论和 CBT 疗法之妙，既揭示了当事人荒谬观念背后隐含的信息，又产生了代价收益技术的分析效果。

再次，本书的逻辑框架是按照一个个人构念心理学的咨询案例分析操作指南来架构的，先是从基本的理论出发，让读者快速了解这一咨询方法的缘由，然后对咨询师的准备工作进行指导和剖析，接着开始叙述来访者的接待、分析和转变的过程，最后对来访者的咨询进行回顾、结案。读者不用去啃凯利两卷本的《个人构念心理学》——那可是长达 1200 页的大部头著作——就能够大致了解如何进行个人构念的分析。在心理咨询技术纷繁复杂、流派层出的情况下，应该能够为读者选择是否进入这一领域精耕细作提供一个清晰的介绍。

最后，特别值得指出的是，我感觉个人构念心理咨询一个魅力非常的地方在于，它推崇的是一种推己及人的态度。咨询师是其个人生活的科学家，来访者同样也是。个人构念心理咨询把咨询师和来访者放在同样的位置上，不存在医生和病人、权威和侍从、专家和外行等不平等的局面，展示了一种人本主义的态度。这就使咨询师免去了高位者的压力，来访者受到知情权的保护。凯利方格技术（repertory grids）不仅可以用于来访者身上，也可以用在咨询师身上，甚至如果来访者愿意，也可以把它作为一种施测的工具，用到因心理困惑而求助于他（她）好友身上。因为作为一种数据客观的呈现，作为一种咨询探讨的参照线索，施测的结果可以很好地将信息隐私性和深入性结合起来。

在本文的最后，我对本书的译者做一些推荐。王堂生是我的博士生，在十多年前攻读硕士学位时就对个人构念心理学做了追根溯源的研究，本书的翻译工作实际上从那个时候就已经开始。由他主译，可谓得人。唐加宁也是我的博士生，同时又是武汉大学英语专业的骨干教师，汉英俱佳，翻译心理学方面的著作正是她的优势所在。尤其难能可贵的是，这两位学生做事一贯认真负责，对本书的翻译也是尽心尽力。王玉良博士本科是英语专业，硕士是在武汉大学攻读的教育学，也算是道之近者，可相与谋。

综合上述种种，我十分乐意推荐读者诸君一睹本书的究竟，是芳华灿然还是索然无味，自有方家可鉴了。

钟年

武汉大学心理学教授，博士生导师

2018 年 10 月

前　言

　　个人构念心理咨询，是以一种特殊的心念去接近来访者的心理咨询方式，并且在这个咨询过程中，可能要使用特定的理论和特定的技术。本书的初衷，就是给读者提供一个这种特殊心念的清晰概念以及支撑咨询工作的重要理论思想。当然，仅仅阅读本书是不可能成为个人构念心理咨询师的，因为咨询只能通过实践督导才能精通。但是，读者可以获得一些如何在那种心境下工作的认识和我们使用的一些特定理论概念与技术。

　　你很可能会发现，无论你是否会发现个人构念取向本身的价值，在你尝试理解这些问题时，一些个人构念心理咨询的技术已经出现。书后的参考文献可以为那些愿意对个人构念心理学进行更深入研究的学者提供些许帮助。

语　言

　　尽管术语有很多，但这本书的目的是向你介绍一种理论架构，而不是将你带入相关术语的深渊。任何新理论的问题就在于通过一种可理解的方式陈述其思想——即使用日常语言——也将新思想从我们接触到的日常词汇中隐含的个人意义中分离出来。

　　有时，凯利（Kelly）感觉有必要创造新的定义。例如，他将"攻击性"描述为"一个人自己正在做的事情"。它变成"一个人知觉领域的能动发挥"。无论何时，只要你刻意去尝试一些新东西——例如这本关于个人构念心理咨询的书，你就具有攻击性。这个术语本身没任何价值评判——它并不是说你阅读这本书是一件好事或是一件坏事——这取决于你个人独特的构念方式。

　　我们认为，重要的是不能一直使用男性化措辞。人（man），从定义的角度看，可能包含所有人类，包括女人，但当阅读时常常感觉并非如此。不太令人满意的解决办法是，在诸如"来访者"之后交换使用"他"或"她"和"他（她）们"和"他（她）们的"。上述方法虽然笨拙，但是我们认为这种办法要比诸如"他／她"或"她／他"这些难以理解的解决办法要好些。

从业者

凯利的两卷著作主要是为心理学学生而著的。但是，除了心理学家外，很多其他群体的人也认为个人构念心理学非常有用。因此，这本书是写给所有从事帮助他人工作的人们。这个大的团体包括语言治疗师、职业疗法专家、艺术和音乐治疗师、神职人员、社会服务工、护士、人事部经理、全科医生、感化官（缓刑监督官）和培训师，也包括心理学家、精神病医生、心理治疗师和心理咨询师。

凯利在其著作第一卷的开头，写了一段"敬启者"。他总结到：

> 我们讲给谁听呢？通常，我们认为，重视我们的读者肯定是一个爱冒险的家伙，他一点也不害怕人类的非传统思想，他敢通过陌生人的眼睛来窥视世界。他在词汇和思想表达方面谦逊含蓄，他寻找的是一套临时的，而不是终极的心理洞见。他可能靠当心理学家、教育家、社会服务工、精神病学家、神职人员、行政主管来维持生计——那并没有多大关系。他可能从没修过心理学课程，不过，如果他没有对心理问题颇感困惑，选择这本书很可能令他不太高兴。（Kelly，1955：6）

需要再次强调的是，这本书并不是一本"食谱"。任何心理咨询培训都需要花费时间和精力，包括督导实践经验。伦敦个人构念心理学中心针对咨询师和精神治疗医师设置的研究生课程已有多年。那些已接受学位课程的人应该有必要参加三年的兼职锻炼。那门课程现在由个人构念的教育和培训机构开设。详细信息可以从佩吉·道尔顿那里获取。

然而，并不是每个人都想做一个这样的长期实践。很多人已经发现，凯利的思想是有用的——已将其纳入他们既有的咨询体系中。本书的写作足以吊起这些人的胃口。

目 录

行动背后的思想

1

个人构念理论并非是一种心理咨询理论，理解这一点是非常重要的。此理论是乔治·凯利于1955年提出，用来解释你和我是如何试图弄清我们所居住的世界的。换名话说，该理论是关于人的理解和经验的综合心理学理论。说它综合，是因为它建议我们从人的行为、感觉、动机、学识、经验等方面去探寻问题的答案。

这种对人的理解方法牵涉到通过为某人设身处地地着想来为其行为寻求解释。例如，有时候我们可能看起来缺乏"动机"，但那通常是部分人的观点——我们并未做他们认为我们应该做的事情。

我们中的大多数人都有一种倾向，那就是通过借助有利于我们自己的观点来解释别人的行为。当我们称某人"具有攻击性"时，我们很少会问自己那个人认为他正在做什么。我们观察他的行为就足够了——我们用自己的术语来解释它，但是，对于凯利来讲，解释得从那位"具有攻击性的"人的内心里寻求。

我们了解自己和他人的另一个出发点是我们不断前进、永不停止的基本假设。如果这是我们的出发点，我们自己就没有必要关心"刺激"或"驱动"人们的是什么。我们每一个人都在主动作用于世界而不只是对世界的被动反应。

为了能够提供一种察看人类总体体验的方式，凯利不得不以非常抽象的形式来阐述他的观点。这种形式留给我们的任务就是填写内容——你很快就会了解。为了帮助大家更好地理解个人构念理论和它的测量工具，也就是所谓的"个人构念积储格"，我们需要粗略地了解一下撰写这个理论的人。

个人生平：乔治·亚历山大·凯利

乔治·亚历山大·凯利生于 1905 年，死于 1967 年，他的《个人构念心理学》于 1955 年在美国出版发行。在他年轻的时候，他一开始并不认为自己是一个心理学家，而应该是一个工程师。1926年，他获得了第一个学位——物理学、数学学士学位。在此基础上，他继续攻读了教育社会学硕士学位，接着又去了苏格兰的爱丁堡大学学习并获得了教育学学士学位。在他的《一个理论的传记》（1969a）一书中，他谈论了他攻读哲学博士学位（以口吃为课题）期间的四年生活：

> 我在一个工会劳动大学为劳工组织者讲授即兴演讲，在美国化研究所为未来的公民讲授治理，为美国银行家协会讲授公开演讲，在一所专科学校讲授喜剧……我为获得硕士学位的课题研究的是关于工人如何利用闲暇时间的，并在爱丁堡大学取得高级专业学位……我在学术上涉足教育、社会学、劳动关系、生物计量学、言语病理学和文化人类学。（Kelly，1969a：48）

　　　　　1 行动背后的思想

在 20 世纪 30 年代早期，凯利来到堪萨斯州的福特海斯州立大学。在那里，除了给本科生讲授心理学以及做与其他大学教师一样的其他事情之外，他尤其热衷于为心理学家开发临床心理培训项目。这段时期最有特色的项目，就是他的旅行诊所。这些诊所的设置主要是为了甄别学龄儿童存在的问题以及为解决这些问题提出建议。

堪萨斯州是一个大州，凯利和他的四、五位学生的一份时间表显示，凌晨 3 点他们就开始作准备，以便能够在早上 8 点到该州某一所学校现场进行工作。每天最多有 12 个孩子会接受一个综合的体格测试和心理测试。凯利把测试交给他的学生监管，随后他将会针对相关问题做一个公开讲座。午饭后至傍晚这段时间他们会沉浸于案例讨论会，从而决定为每个小孩提供什么建议。晚饭后，这些建议将反馈给小孩的父母和老师。给我们提供有关凯利早期事迹和他的旅行诊所情况的塞拉特（Zelhart）和托马斯（Thomas，1983）评论道："诊所的一个特点是通过邮件进行 2 年的随访。"

当前我们所见的个人构念积储格技术（见第 4 章），就来自这段早期时光。在 19 世纪 40 年代早期，凯利概述了"固定角色治疗"。他的"个人构念心理学"理论也在进行当中。

乔治·凯利在第二次世界大战期间加入海军，成了一名航空心理学家，并参与了飞行员训练工作。战争结束后，他很快就被任命为俄亥俄州立大学教授和临床心理学主任。在俄亥俄州立大学 20 年的工作时间里，他出版了两卷著作。

这里有个故事（Maher，1985），就是他从没想过任何出版商会对他的著作感兴趣。但是，在某些未知的内在压力下，他决定至少应该尝试一下。所以，他和他的临床学生团队将他两卷著作的 20 份书稿放进 20 个很大的盒子里面（书稿以两倍行距排列，书的页码超过 1200 页），这些书稿被打包进一个厢式货车并分送给 20 位出版商。出乎凯利的意料，20 位出版商中有 6 位愿意与凯利签订出版合同。布兰登·马赫尔评论说，他认为凯利从未真正尝试改变这个错误的判断。

这两卷著作出版后，凯利成为很受欢迎的访问教师和客座讲师。他游历全球，谈论他的理论及其应用。然而这一理论并没有立即得到心理学领域的认可，但是人们会因为他获得过的个人赞誉而期待他的理论在未来大放光彩。

1965 年，他搬到布兰达斯大学，一年后便去世了，此时，一本关于人类感受的书尚未完成。该书已起草撰写的很多章节被录入到了《临床心理学和人格》一书中。（Maher，1969）

个人构念心理学的两个方面

如果我们将凯利的思想"真的"看作两个理论，那么其总体取向就能够被很好地理解了。一个理论与我们如何作为一个人类个体来体验我们的世界相关，同我们的爱与恨、狂喜与抑郁、焦虑和内疾相关；另一个理论是一种非常抽象化的理论框架，这种理论框架可以帮助我们理解我们所体验的事件。

有一种重要的驱动力渗透到凯利思想的两个方面——他的哲学。

理论背后的哲学基础

凯利把他的哲学称为"构建替换论"。这乍听起来并不难以理解，基本上意味着我们有"选择的余地"，通过这种"选择"，我们可以尽力理解（或构建）彼此、我们自己以及我们周围的世界。

构建替换论支持凯利所有的理论。对于一个心理学理论来说，将其自身的哲学讲得如此清楚，这还是很罕见的。凯利自己是这样描述的：

> 像其他理论一样，个人构念心理学也是对一种哲学假设的验证。这种情况下，假设即，无论是什么性质，不管追求的真理最后结果如何，我们今天所面对的事件会受到各种各样的构念的影响，只要我们的智慧能做到。这并不是说，一种构念会像其他构念一样好；也不是否定在某个无限的时间点上，人类视野可以看到永存的现实。但它确实会提醒我们，我们现在所有的感知都易招致质疑，甚至是需要重新考虑。它广泛地表明，即使是日常生活中最明显的事件也可能发生改变，如果我们有足够的创造性给予它们不同的构念。（Kelly，1986a：1）

当然，这是有约束的。例如，我们都是在特定的社会环境下发展的，这影响到我们可能用以发展的构念的范围。因纽特人可能有十来种有关雪的构念，而其他大多数人则没有这么多。我们从没有遇到过足够的有关雪的例子来对它们进行有用的辨别和区分。我们每个人都有一个构念系统，在这个系统中只有有限的观察世界的方式。

凯利并没有说任何方式的构念都是有可能的。当他说看待任何事件通常都有可选择的方式时，他是在说潜在性。一旦我们对不同种类的雪有足够的体验，我们就可能发现，着意细化对我们构建"雪"这一构念的子系统很有用处。

许多女性团体都把注意力集中到构念子系统的这种详尽阐述上。她们试图让女人们在一个男人的世界里有意识地构念她们自己。女人们往往并没有意识到她们很多构念的方式限制了她们的自由。而且，通过重构，女人们可能改变看待她们自己角色的方式。

对于个人构念心理咨询师来讲，最重要的信息是，改变对于任何来访者来说总是可能的，但这并不意味着它是容易的。它仅仅意味着，在我们的工作与来访者之间可能开辟新的、未开拓的途径问题上，我们可以永远怀揣希望。"任何人没必要将自己陷入困境；任何人没必要完全受制于环境；任何人没必要成为他传记的受害者。"（Kelly，1955：15；1991：Vol. I，11）

我们都是个人科学家

什么类型的人是这个"他"或"她"以及我们如何才能避免陷入困

境？凯利与弗洛伊德或行为理论家的见解并不一致，原因之一是他感觉二者都没有公正看待普罗大众的驱动力和某一个人的行为两者的关系；同时，作为一个物理学家，他不出意料地探询如果我们每个人都把自己"当作"科学家，我们可能会获得什么新见解。不是被事件所推动和吸引，而是我们主动去理解我们的世界，就像科学家一样。这非常符合他的哲学，即没有人能够直接接近真理——每个人都是以自己的视角在观察世界。总有可以选择的方式来观察事件。

我们被看作科学家，是因为我们有在这个世界上将面临什么挑战的微型理论；我们通过实验来测试这些理论的假设；看一看我们是对还是错。这里并没有说我们将会是"好"的科学家。事实上，我们的很多问题是我们进行"差劲的"实验的结果——"差劲的"是针对我们个体而言的，而不是反对外部的价值观。年轻害羞的凯特，如果没有一杯烈性威士忌给她信心，她是不敢面对任何公共场合的。每个人都认为她很迷人，沉着镇定，但是，她知道事实并非如此，因此她喝了很多威士忌。她的行为测验对于局外人而言是成功的，但是，对她自己而言并不是。她从不把她的"害羞"带进测试。她什么都没学到吗？如果没有威士忌支持她的话，现在她真的还会如此害羞吗？

这种模型的人作为一个科学家，有一个非常激进的特性隐藏在里面。一般来讲，科学家开展实验，旨在研究某些行为"变量"的影响。在凯利的模型中，行为本身成为一个实验。行为是过程的一部分而不是最后的产品。我们在实验中来测试我们的构念是对还是错，即行为实验。凯特将同样的行为实验做了一遍又一遍，而不是让她继续前行的那个实验——"没有威士忌我现在还能自信吗？"

凯利将行为的探询性质描述如下：

> 不是威胁程度的问题，而是要求最大限度地解释和控制，从而使人摆脱困境，行为就成了人们用来探询的主要工具。没有它，"他"的问题就是学术性的，"他"就一无所获。当给"他"支招时，"他"就在教条的圈子里游荡。但是，当"他"用它进行大胆的提问时，大量意想不到的问题蜂拥而至，考验、挑战"他"的最大理解能力。（Kelly，1986a：5）

在凯利的理论里，我们所有的行为被看作在测试我们的构念。大部分时间我们会不自觉地思考，"我正走在那个被我构念为地板的上面"。然而含蓄地讲，无论何时，每当我们走在地板上，我们都会预测，这个地板是坚硬且不可移动的，并且能够承载我们的体重。我们还会预测一些不会发生的事，如它将不会被证明是活的，也不会发出很大的噪声。当然，我们的大量构念，尤其是与人类相关的构念，更容易失效，而且经常发生在一个更有意识的层面，但它不需要这样做。

构念的性质

个人构念心理学是一种被描述得非常详细、非常复杂的一种具有综合性的心理理论系统。我们不会为了学术的纯洁性而让你陷进理论的概念中，但是，我们有必要提到它的许多理论观点，因为个人构念咨询的过程就是从个人构念理论的视角理解来访者构念世界的过程，从而便于来访者重新构念生活和体验。

凯利以工程师蓝图的形式提出了他的理论梗概。该理论有一个由 11 个推论构成的基本假设。像一张蓝图，每一个推论的每一个单词都是确定的。我们可以从书本《询问人》（Bannister and Fransella，1986）和《生活心理学》（Dalton and Dunnett，1992）中找到它们的概要。

任何理论的本质都是在其基本假设中阐述的，我们利用它提供一个更深层次把握这种要点的方法。假设表明，一个个人的过程就是以我们预期事件的方式进行疏导的过程。它的出发点是人。该理论可能对我们提高对生物体、低等动物和社会的理解能力有用，但是，那需要等待。凯利正在讨论我们认为我们认识的人，或是想要知道的人，比如你、佩吉或费伊。

人都有表达他们自己所谓"人格"的过程。凯利关注的过程的内涵不需要其他概念，诸如动力、驱力或动机。例如，弗洛伊德不得不提出"心理能量"来解释本质上是惰性物质的我们为何做任何事情。行为学家通过探讨驱力来解释活动。凯利的出发点就是我们正在与已处于运动中的人打交道。

基本假设也认为它是一种心理学理论。这就是凯利强调的方式，即对其他学科的概念没有采信，诸如生理学和化学。哲学的地位允许我们把这些其他学科也看作基于人造构念而不是现实的陈述。

假设中的第四个术语是"疏导"。凯利之所以选择这个术语仅仅是因为它不太可能像其他术语那样，暗示着某种动态的或潜在的能源系统的存在。

基本假设最后的陈述详细说明了个人过程的"疏导化"的性质，即我们预期事件的方式。这使得个人构念理论是一种前瞻性的而不是被动的心理学。

实践中，当我们试图去为某个人表面上怪异的行为寻找答案时，基本假设及其11个推论为我们提供了一个特定的视角。在个人构念心理咨询师看来，那个人正阐述他的处世方式以便提高他预测事件的能力。即便他的立场如此，在那一刻，行为看起来也可能是自我毁灭的。只有理解了个人观点，咨询师才可能窥见产生那些行为的原因。只有这样，我们才可能帮助来访者改变。

基本假设很重要的一点是，心理活动总是保留着人的特性——它使我们作为一个个的个体，做我们应做的事，没有其他人为我们做。无论是过去还是未来，事件本身并不能被看作我们行动过程的基本决定因素——即使是童年时期的事件。我们从中获得的感

1 行动背后的思想

悟是形成后续事件预期的基础，即凯利的人类生存过程的基本主题。这并不意味着我们仅仅在朝着越来越舒服的有机状态倾斜，而是意味着我们预期的一致与不一致。在个人构念心理学中，它要比奖励、惩罚或驱力下降被赋予的心理学意义更大。

日常生活中以及咨询室里的重构常常根植于我们预期的不一致。某人一个意想不到的反应可能会导致我们质疑我们自己的行为，而不是立即说对方是错的。我们预测的无效或不一致可能是一个令人不安的事件。例如，许多人深信新月形状的月球使人可以坐在新月的低端摆动双腿——我们的儿童图画书已经向我们证实了这点。隐式预测，从童年开始，就是当你将某物构念为新月时，它永远都会这样。但当你在澳大利亚首次看到新月时，之前的预测将会突然间创伤性失效。它是倒着的！感知无效并非是在我们思维中简单发生的一件事情，而是一种令人感到非常突然和不安的经验。思维和感受不能被分开。

再见二元论：心灵和身体是一体的

当前，"身心"二分法仍然是一个被广泛接受的观点。将个人构念咨询看作一种认知方式的人们并未了解凯利写的一个关于人类体验的理论。这意味着其在本质上是一种有关变化的理论。"构念"不是"思维"或"感受"——它是辨别的行为。它是我们感知的方式——在某种意识程度上——围绕在我们周边的某些事件不断重复自己，从而不同于其他的事件。一旦我们通过辨别注意到了事件之间的异同，我们就可以预期未来的事件。我们可能利用我们的直觉作出辨别——在非语言层面意识上——或者通过语言。这些都是构念。

当然，我们的来访者在构念事物的方式上可能与我们不同。她可能将身和心构念为单独分开的"互动"系统。对于个人构念心理咨询师来讲，说"身体和心灵互动"没有任何意义，因为对于我们来说，它们不是分离的系统。但我们尽力去理解来访者的构念，这样我们才可以谈论她的语言。因此，我们可能与她谈论"好像"我们也相信它们是分离的实体。

正如我们之前讲过的，我们的存在本质是运动的。所以凯利指出，我们不仅要考虑我们自身是过程的事实，也要考虑我们构念的事件也是过程的事实：

> 一个人的构念本身其实就是一个过程——就像活着的人是一个过程一样。它从一开始就呈现出一个无休止和无差别的过程。只有当人调适耳朵以适应在单调无变化的流速中反复出现的主题时，他的世界对他来讲才开始有意义。（Kelly，1955：52；1991：Vol. I ,36）

当然，我们可能并不总是想去走这个过程中似乎要走的路，甚至有时候我们会抵制那种变化，但是，抵制事件本身就是过程的一部分。我们将在拒绝前面的变化之后进行改变。

不同层次的意识

凯利建议通过另一种方式来看待身体和心灵，与感受问题相比，思考属于"意识层次"的问题。这些都是构念，只是我们对某些层次的意识要比其他层次更清晰一些。对一个失败的行为实验带来的不舒服的感觉的构念，正如我们黄昏时口头赞美红色天空的美妙之处一样。

在意识的最低层次，是那些在我们有说话的优势之前形成的前语言构念，并且仍然缠绕着我们。这种构念有时候让我们措手不及，譬如，当身体告诉我们，正在与我们握手的人我们并不喜欢——但我们却不能马上说出为什么。

所有构念都有对立面

首先，关于"构念"一词的含义。当作为动词的"构念"被用来描述预测的过程，从而理解我们个人的世界时，作为名词的"构念"则被用来在更精确的基础上预测。在牵涉到项目之间的抽象相似性时，这两个词是相似的，但是，"构念"一词在两种理解上的确不同于概念"观念"。它包括个人行动的思想——内含预测的含义——而且构念是二元性的。这一章的大部分内容隐含的意思就是，所有的构念和观念都是两极的——构念还具有两个极点。正是通过一个两极构念的组织系统发展贯穿于我们的一生，我们才能审视我们个人的世界并赋予其个人意义。

凯利用了较长的篇幅论述他的"构念"的两极或二元性质和经典逻辑的不同。他认为，相似性和差异性对于我们赋予事件的意义都很重要。传统上，相似性事件形成"概念"，而那些没有相似性的事件则被认为不相关。与之相反，个人构念理论认为，我们如果没有什么是"坏的"的概念，就不能理解什么是"好的"，没有"罪人"就没有"圣人"，没有"混乱"就没有"秩序"，没有新月之"弓心"就没有新月之"弓背"。

将人类所有的构念看作有对立面的一个重要的方面是，当我们预测一些事情会怎么样或将发生什么时，我们同时也就预测了某些其他事情不会怎么样或什么将不会发生。例如，我们可能都会预测，一棵树将会生长树叶和树枝，而不会载着它的树干行走。同样，我们可能预测，一只大象会有一个象鼻，也会预测它不会长出叶芽、树枝并生根。

构念超越了字典所赋予的定义，它不仅仅是单词。相反，通常而言构念实指的个人意义更为明晰。在这个层次上，构念是单个的和个人的。例如，两个人可能发现，利用构念"朋友"给事件赋予

　　　　　　　1　行动背后的思想

意义是有用的，但是，对于一个人来讲，朋友的对立面是一个熟人，而另一个对立面则是敌人。当面对处在朋友的对立极点上的人时，两个人可能将会有完全不同的行为。个人构念的两极化并不总是能清晰被理解。保持行为一致性的对立面是不要被人抓住短处，攻击的对立面是培育，这些构念可能不会被所有的读者使用。只有对构念的两极以及系统内构念之间的关系有透彻的理解，一个人才能够理解个人的世界观。

从全球的意义来讲，个人构念心理咨询师很可能发现询问"我的来访者通过做她正在做的什么从而不做什么？"这一问题很有用。可能的答案通常很有启发性，而且对于全面地了解来访者也有所帮助。

构念等于经验

个人构念理论是一个关于经验的理论。对世界的构念就是我们的经验。当我们在悠闲自得地享受一个聚会时，我们对那一时刻的构念（经验）可能不同于我们在一个信封上粘贴邮票这一事件的构念（经验）。我们的身体与"我们"是一体的。所以，如果我们向自己的身体注入有毒液体从而改变其化学成分的话，可能会看到，我们对事情的构念和经验将完全不同于没有注入有毒液体的时候。构念并不仅仅在头脑里发生。我们在一定的意识层次上，构念我们的世界，赋予其意义，无论我们是否在做心算、沉思或是表演杂技。这看起来像是在反复重申，但有一个日益严重的、错误的信念，即个人构念理论仅仅是关于我们思维的理论。它，当然，也是关于我们经验的理论。

凯利将学习等同于经验。当我们成功地构念事件时，学习就发生了。我们学习——我们成功地重构——我们的经验。经验要远超于我们存在的时时刻刻的意识。当我们的一系列心理过程完成一个周期的经验时，我们就进入新的领域（详见第 3 章）。这个周期起始于期待，终结于再构。正如凯利所说：

> 人类体验的周期仍然是不完整的，除非它终止于从未设想过的新希望之中。在我看来，比起困惑的科学家，对于那些寻求心理治疗而逃避已被心理冗余缠绕得心烦意乱的人来讲，这更难实现。或者，就此而言，那些准备悔改的老练罪人，并非是在一个教条系统内重新包装，而是主动彻底地再造。（Kelly，1977：9）

转变和变化周期

转变

转变意味着变化。我们都十分清楚，任何变化都可能会令人不安。当处于变化的过程中时，我们在转变。并且围绕这个概念，个人构念理论在情绪中迂回交织。当自我的一些重要方面被验证时，抑或当我们意识到我们目前对事件的构念存在不足时，我们就会体验到情绪。

例如，一位因疏于运动而体重达 280 磅的来访者，已经开始思索作为一个人的正常体重的想法，可能会看到这样的变化将意味着她核心构念的急切全面的变化。这就是个人构念理论对威胁的定义。即突然会意识到，如果我们继续沿着这条道路前进，我们将成为一个我们并不足够了解的人。"核心"构念的重要性在很多地方被讨论，接下来牵涉到的问题就是咨询过程。凯利极其精确地选择他的用词。这里他真的是指"核心"。这些就是"我们借以保持自己统一性"的构念。

同样，诸如焦虑这样的情绪都与缺乏构念我们身边都发生着什么的能力相关。如果我们周围的一切突然移动，我们可能无法立刻构念它。这就是焦虑。可能是脑出血吗？是癫痫发作吗？都不是，是地震。一旦构念了，它将采用一种不同的视角。一旦我们了解了它，我们就可以为它做点事情。

意识到我们对世界的构念有问题等其他方面，如敌意或内疚，将在以后的章节讨论。的确，这些转变对于我们在随后的个人构念心理咨询实践的详述中起着很重要的作用。

变化循环

与经验相关的变化，还有两种其他的循环（详见第 3 章）：一个是创造，另一个是决策。

创造循环。这个循环在"紧张"（作不变预测）与"放松"（作变化预测）之间移动。例如，你可能很确定（紧张构念的意思就是你的预测相当清楚）你的来访者做得很好并且迟早将不再需要你的服务。来访者下次出现时，看起来好像又重回到你初次看到她时的状态。你的预测突然被证明是错误的（它们已经无效了）。期间，你发现几乎没有线索可以帮助你。所以，你在她走后，有时间在你的椅子上舒服地坐下来，让你的心灵自由游荡在事件上。你已经停止对你的来访者进行紧张的预测，并在某种程度上放松你的构念，你对她这时只做少量的预测。突然，你记得一个特殊的面孔或符号。你再次收紧构念，以便更仔细地检测事件，等等。艺术家可能创造性地作画，但是仍然不得不收紧构念，从而可以对工作质量作出评价。正如我们将进行的展示那样，这种"紧张—放松"维度在个人构念心理咨询过程中扮演着重要的角色。

慎重—先取—选择（CPC）或决策循环。这个循环主要与事件的细节相关而与构念过程本身无关。"慎重—先取—选择"代表着谨慎、先取和选择。我需要决定是否购买一件外套。我慎重地查看所有相关的问题：我是否有能力支付？季节转换时，是购买外套的合适时间吗？等等。我先取决定价格是主要因素。看看我的银行账户余额，我认为我真的承受不起，所以我不购买一件外套。

来访者们在这个领域经常会出现问题。要么是他们不想作出新的

决定，所以在讨厌的慎重循环中反复周旋，要么是他们缩短慎重
阶段并"冲动"行动。

心理混乱和症状

作为一个人类经验的总体理论，意味着每一种想法都有一个特殊
的观点，这影响着个人构念心理咨询师的工作，其中包含着"混
乱"和"症状"的定义。

心理混乱

凯利强烈反对将有心理问题的人看作"病人"。这种观点也意味
着，如果一个人没病，他们就不需要被"治疗"。凯利以及其他人相
信，所谓的混乱的"医疗模式"的使用阻碍了我们对人的理解，也就
减少了我们帮助他们提高处理给他们带来麻烦的事情的能力。

个人构念理论对"混乱"的界定是，任何个人构念尽管始终无效，
但仍被重复使用。因此，没有医学类别来对应，如恐怖症、抑郁
症、焦虑状态、神经性食欲缺乏或口吃等。实际上是人的构念系
统的一些方面，并不能很好地服务于人。来访者不能令他满意地
预测事件。最重要的是，他找不到任何替代方式来构念那些麻烦
事件，因此，对于那些麻烦事，他可以表现出不同的行为。凯利建
议：或许恰当的问题不是"什么是混乱"，而是"哪里混乱"，治

疗师的问题不是"谁"需要治疗，而是"什么"需要治疗。（Kelly，1955：835；1991：Vol. II，196）

在实践中，认为来访者具有心理困境是有用的。作为一个科学家，来访者无法进行替换性的尝试，以继续详述她的个人构念。她的构念可能是循环的，以便她反复持续地测试同样的假设。她无法接受她所看到的暗示意义。她可能已经陷进了混乱，她的构念是如此模糊以至于她无法以足够长的时间将事情聚集在一起进行彻底检验。咨询师的任务就是帮助她收紧构念，从而使她能在心理上再次行动起来。

一位个人构念心理咨询师花费全部时间仔细查看来访者的构念系统，以找寻到底是什么阻止了来访者前进及组织新的或许更有效的实验。这并不意味着一个咨询师从来不用诸如神经性食欲缺乏、口吃或焦虑状态等术语。毕竟，它们是大多数人彼此沟通交流有关有问题的人的方式，来访者也经常会学到这些标签。只是恐怖症不是问题所在，而应被视为医学界生成的建构以解释某一特定的行为集合。来访者感到恐惧的答案应在来访者对事件的个人构念中寻求，这些构念导致来访者在某些情况下因恐慌而变得不知所措。

症状的性质

与混乱一样，凯利不会在症状上长时间徘徊。它们被简单地看作一个人赋予其他混乱的实验以意义。正是这种有意义的实验——症状——来访者常常会在一开始就向咨询师呈现出来。咨询师只有在有足够的时间聆听时，才能得知来访者如何将其抱怨融进其生活情景中的。来访者和咨询师通常会从这些直接的痛苦和创伤中摆脱而移向对建构系统的详细阐述，在这个系统内，痛苦和创伤发挥它们自己的作用。

职业构念

除了精通个人构念理论及其哲学基础，个人构念心理咨询师还有一系列描述构念过程的构念。凯利将其称之为"职业构念"。我们已经提到过"紧张"和"放松"构念。还有其他一些。

> 这些职业构念并不指疾病实体，也不指人的类型或特征。它们作为通用轴被提出，这种通用轴可以在任何时间、任何地点描绘出任何人的行为。它们也是可能标绘出一个人心理过程所发生的变化的轴。对于它们自己而言，没有好与坏、健康与不健康、适应还是不适应之分。它们像是指南针的点；它们被采用仅仅是因为它们能够使一个人绘制相对位置和指明移动的方向。（Kelly，1955：452-3；1991：Vol. I，335）

第3章将详细阐述这些职业构念理论。

来访者的目标

在继续之前，我们需要谈谈来访者的目标。这些都隐含在心理混乱的个人构念观点之中。人找不到另一种看待有关他自己的问题的方式——或许他正在一遍又一遍地重复同样的行为实验。他陷入了"困境"。因此，咨询的目标在于，帮助来访者找到可以接受的替代选择（来访者可以接受，咨询师没必要因此而接受）。通过这些替代选择，来访者可以好好过日子，可以再一次行动起来。

结　论

个人构念心理咨询师首先假设没有人可以直接了解真相。我们拥有的唯一真相在每个个体的内心——每个来访者、每个咨询师……诸如此类的人的内心。我们创造的人，我们还可以重新创造，尽管我们有时候需要帮助。但是，通常总有查看事件的可供选择的方式。

理解依赖于我们通过另一个人的眼睛看待事件的能力——我们的来访者。

每个人似乎都带着一副护目镜（我们的构念系统）在观看他们的世界，以至于我们每个人已经创造了很多年。通过构念事件，我们能够对我们的行为可能出现的结果作出预测。我们的很多构念都发生在自觉意识层次之下。

当我们无法找到任何可替代的方式来处理我们的世界时，我们被认为是有问题的人。这使我们陷入了困境。咨询是一种我们可以用来帮助来访者摆脱心理困境并重新好好过日子的过程。这里没有医学诊断类别的空间，尽管当其他人使用时，我们有必要理解这个类别的语言和意义。

个人构念心理咨询师和来访者的前进之路在于，能够设计出新的行为实验，使来访者可以发现其对打开自己的构念之结有用——所有的行为都被视为一个实验，这个实验可以用来测试目前我们对世界的解释。

现在，让我们将主题转换到咨询设置。这意味着开始着眼于个人构念心理咨询师在第一次面对来访者时所需要的技能和经验。

设置场景

2

咨询师与个人构念方法

个人构念心理咨询师第一次与来访者见面时，主要是用一种特殊的思考方式来武装自己。比如，一个科学家总是能重构并用不同的方式来接近这个世界。行为是一个实验，而不是最终的产品。重构是不容易的，但正如哲学所说的，它是潜在可能的。

心念就是个人构念的理论，其潜在的哲学和它作为一名科学家的人的模型。

对于咨询师来讲，个人构念理论和它的哲学嵌入了两种重要的含义，主要事关理论的自反属性和对来访者的责任。

自反性

自反性与把关于别人的一种理论转化成关于我们自身或理论提出者自身的理论。这意味着咨询师被看成了理论的实践者，来访者也是一样。当来访者改变他或她构念事件的方式时，咨询师也是如此。咨询师不得不卷入用一个持续不断的反身过程，试图让他或她的关于自我的构念更加明确清晰，而不是让它含混不清并可能导致无法适应或造成伤害。这让对咨询师的个人构念督导，本质上也就成了个人咨询的监督者。弗兰塞拉 (1995) 通过将其在凯利身上的应用，验证了个人构念理论的自反性。

责任

凯利强烈地感受到，无论何时，当他们开始着手为来访者进行咨询时，他们必须要承担责任。他说：

> 聆听人们吐露较为私密的事情时，我们通常的原则是，我们应该仅仅聆听到我们愿意承担责任的程度，即将对吐露者的风险控制得很好……这种责任不仅仅是愿意接受，因为这种接受紧随其后的是关系的放弃或只是简单的迁就，所以可能弊大于利。
>
> 聆听牵涉到承诺。临床医师应该总是记住这一点，不管他是否接受或拒绝，积极的或含糊的、敏锐的或愚钝的，无论何时他让一个人向他吐露时，他就为自己建立了一种职业责任。(Kelly, 1955 : 955 ; 1991 : Ⅶ, 277)

来访者与咨询师之间的关系

如同个人构念心理学中的其他部分一样，咨询关系和整个的咨询背景需使用科学语言。咨询是一个科学的活动，咨询室是一个实验的场所。对我而言，最令人激动的实验场景是咨询的房间，在研究计划中最刺激的挑战是来访者。

来访者和咨询师的关系基本上是建立在角色的个人构念概念之上的，一个角色关系存在于无论何时一个人试图建构另一个人的构念过程中。

来访者不是他生平的囚犯，尽管他构念自己生活的方式可能让他看上去被困其中、是他自己造成了他所描述的问题。我们不是以寻找来访者现存的问题线索开始的，该问题来自他过去的实验。我们要听来访者此时此地如何构念他自己。

既然没有人能直接接近"真实"，我们感兴趣的是来访者的真实。所以，咨询关系也面临同样纠结的问题。咨询师没有答案，来访者有。咨询师设法要帮助来访者认真讨论其中一些答案，使得其中一个或多个变成生机勃勃、切实可行的现实。

所以，当我们首次与来访者会谈，我们就用自己的个人构念理论和哲学模型，还有一些技巧来装备自己。

个人构念心理咨询师的一些技巧

你将会看到，凯利强调的技巧直接来源于他的理论和哲学。

在"仿佛（AS-IF）"模型中工作的能力

咨询师必须对"仿佛（AS-IF）"工作模式心甘情愿。这跟构建替换论的哲学有关，咨询师的行为处世"好像"她关于来访者的观点是真实的，然后她可以看到是否她期望发生的实际上真的发生了。就算没有发生，整个世界也不会倒塌。她这次出错了，为了她和来访者，下次必须设法做好。作为咨询师，我们要尽最大的努力，并清楚地知道在真理的市场上我们没有处于垄断地位。

这个"仿佛（AS-IF）"哲学不是单独为咨询师准备的，来访者也将被要求加入。其中一个结果是在一次咨询会谈中允许情绪变化。在某点上，来访者被要求去探索她的构念，尝试用不同的方式去看事情。来访者将会了解到，咨询的实验室是一个可以安心做实验的地方。

涵容

综上所述，在个人构念中，咨询师必须能够涵容来访者的构念系统。正如我们前面说过的那样，这一点就意味着通过来访者的眼睛，我们能够把自己放入来访者的视野去看这个世界。

然而，涵容不仅仅是看其他人的观点，经历一些来访者正在体验的经历，它更胜于移情。实际上，在一段时间里你会努力沿着别人内部经历过的路移动。你挣扎着设身处地看着这个世界，就像来访者那样。短时期像其他人一样生活的话，仅仅这样是于事无补的，因为你将会和来访者一样陷入问题之中。所以，咨询师是在职业构念体系内涵容来访者的构念而不是用她特质性的价值取向构念来负载。

悬置

为了涵容来访者的现实世界，咨询师需要发展会悬置他或她的构念事件。咨询师的价值在这里是不相关的。事实上，它们是适得其反的。当通过他个人价值观过滤听到的一切事情时，一个人是不能充分倾听另一个人的。

为了涵容来访者的构念系统，对大多数人来说，悬置自己对事件进行构念的能力是获取所有的个人构念技能中最难的技能。

轻信地聆听

如果悬置自己的系统和涵容另一个人的构念系统的能力是一个个人构念心理咨询师必须拥有的关键技能，那么轻信地倾听的能力则是进入来访者系统的第一步。

咨询师开始倾听，带着一种信念，即认为来访者正在交流的任何事情都是真的。凯利不赞成对来访者的观点和情感持续不断地接受，轻信地倾听仅仅是开始，就目前而言，对来访者的世界观重新认知是最重要的事情。对来访者而言，该世界观是真实有效的，正如咨询师的世界观对他真实有效一样。除了给咨询师进入来访者的经验世界提供宝贵的见解，这也是对来访者的一种尊重。

正如我们所说，为了践行轻信地倾听，咨询师必须逐字地把他自己的构念系统排除在外。她必须把没有解释、没有价值、没有个人回忆的东西加注到来访者正在传递的东西中。但是，悬置一个人的无可替代的构念系统将是一个混乱的唤醒焦虑的事情。为了代替她自己的个人构念系统去应付这个世界，咨询师将充分发挥职业构念系统的积极作用，在该构念系统里她寻求涵容来访者的构念系统。

观察

观察的技巧依赖于咨询师有一个构思很好的个人构念系统，可以使被观察的事情变得有意义。咨询师有关于人们的各种问题的一系列经验，这也是很重要的。比如，她需要对各种信号很敏感，像来访者的困惑可能有神经病学的基础而不是单纯的心理学基础。这并不是说个人构念心理咨询师把自己设定为一个医疗的诊断专家，事实上远非如此。但是，这真的意味着咨询师必须知道何时寻求医疗的或可替换的建议。在很多案例中，这可能是咨询师的督导。

创造性

每一个来访者带着新的问题面对咨询师，咨询师必须变得有创造性，这样才可以开发新的技能，形成新的构念去帮助再构。这不仅仅是使用"仿佛（AS-IF）"构念。正如凯利所说，这意味着乐意尝试一个非言语直觉。这里，他指的是我们有能力独立于语言去为人处世，而这与个人言语技巧是没有关系的。实质上：

所以创造性是一种大胆的行为，通过一个大胆的行为，创造者放弃那些他可能隐藏于其中的字面上的防御，如果他的行为被质疑或其结果证明是无效的话。如果这个心理治疗师不敢尝试他不能从字面上防御的任何事情，那么他很可能在心理治疗关系中是无效的。（Kelly，1955：601；1991：Ⅶ，32）

在咨询中创造的形式跟一种能力密切相关，这种能力是指"积极形成检验假设并设法尝试看其发生的事情"。如果咨询师在他乐意与来访者探索新的事情之前坚持保持确定性，那么也不会走远。很明显，这并不意味着冲动地尝试直觉。咨询师必须长期且努力思考他正在要求来访者做的事情——用来访者自己的语言。从咨询师的角度来看，一个短暂的实验检验最后证明对来访者而言巨大的意义。但是，通过全面的考虑，咨询师必须有能力建议来访者把它放入实践中检验。

来访者的咨询期望

在第一次和来访者进行会谈期间，咨询师用来支持他或她的知识和技能到此为止。但是，来访者的期望是什么？正如有经验的咨询师知道的那样，来访者可能带着大量的期望。如果咨询师想要建立好的工作关系，就要去发现这些期望。当然了，对咨询师来讲，共享来访者有关咨询的构念是不必要的。但是，为了能够包含它们，知道这些期望到底是什么就很重要了。然后，再决定她认为自己是否能够帮助来访者。

与问题相关

来访者不期望咨询师进行偏离"症状"的"治疗"，在医疗模式下他或许做得很好。如果你有症状，就需要治疗。如果咨询师太早开始谈论梦想的话，来访者肯定会不高兴。

大家都这样做

有些人把咨询自身当作目的，如凯利所说，如果你有问题，可以去躺下来接受治疗，而不是把它当成你得自己设法解决的事情。

咨询会让你好一点

这是一个主要由那些没有"功能障碍问题"的人持有的观点，但更多集中在自我发展上，或许是"自我实现"。

催眠下的咨询

一些来访者来咨询主要是想通过一种魔术来缓解他们的问题——也就是说，他们自己没有想要做点事情来改善。通常，他们真正在寻找的是类似催眠的东西。咨询可能是一个既令人痛苦又极其艰难的工作，发现这个事实可能会在感觉有所改善之前就导致他们放弃了。如果你认为你不可能去除来访者的某些魔幻的期望，那么向他打听催眠的事情可能会好一些。在这种情况下，如果他愿意，你要表达你将很高兴再见到他。绝不可以让来访者感觉到被拒绝。

以问题寻求支持

有时候，来访者需要采取提供证据证明他们"病了"的形式，从而使人期望他们不能过正常的生活。有时候，可以作为父母亲或配偶的惩罚使用。"看看你让我如此混乱，使得我需要治疗。"当父母亲或配偶正在为咨询买单的时候，这特别能够成为一种惩罚。

寻求咨询本身就意味着开始改变

对某些来访者来说，带着问题寻求心理上的帮助的决策有着深远的含义。这些来访者可能会快速改变，但这不是咨询的结果，而是设计好的改变准备发生，咨询只是提供了它可能发生的环境。

澄清问题

一些来访者对咨询似乎持有成熟的观点：它有时候有助于界定特殊的问题。这并不意味着这些问题处理起来简单易懂。但是，澄清就是来访者需要的一切。另外，如果来访者坚持把问题看成其

　　　　　　　　　　2　设置场景

他人的行为而不是自己的，那么这些来访者就不可能走远，除非他们能够逐步"拥有"自己的问题。

被动性的最终状态　　　　一些来访者似乎决定来咨询就是把咨询看成一个最后的求助，他们把它看成个人整合毁灭的结果，所以把他们自己放置在一个无助的病人的角色中。他们是被当作"病人"的，他们的姿态是无助和绝望的。

从来访者角度看，这些期望都没有呈现给咨询师一个特殊的问题——既没有好也无所谓坏。一位来访者就是她本来的自己。在个人构念咨询的方方面面，咨询师的工作就是把来访者的构念系统进行涵容（纳入其中）以标记来访者可能或可以重新行动的方式。对"你为什么来看我？"和"你认为我可以帮助你吗？"这些问题的回答，有助于这个理解过程。

设　置

约定的日子来到了。你已经作好准备，敞开心扉面对来访者将呈现给你的一切。但是，你还不知道她的构念。你还没有机会对她的内心世界进行概览。你的来访者会怎样看你？来访者期望你扮演什么样的角色？

对于第一次会谈来说，你几乎无法对来访者进行任何特别的准备，除非你的内心认为可以轻信来访者的说法。这样，在第一次会谈期间，咨询师的内心就可能隐藏着两个问题：来访者需要我的帮助吗？我的培训和经历是否让我有能力帮助来访者解决问题，抑或来访者的问题是否已超出了我的能力范围？这些问题都很有道理，而且应该弄清楚。

如果你处在一个需要穿传统制服的场景中——或许一件白大褂——那么你的角色从一开始就决定好了。这有点正式。你与来访者完全不同，来访者没有白大褂那样一种身份象征。你可能会认为，服饰穿着并不能清楚地表明你是什么角色。来访者则可能会构念着装——对你——有许多的选择方式。

另一点，你可能希望考虑你将如何把第一次会谈呈现给来访者。设法澄清第一次会谈是一个一次性的会谈，有时候你会发现这样很有用。也就是说，这次会谈对双方而言是探索性的，来访者可能不喜欢你或不喜欢你的方法，你可能感觉到对她束手无策，他可能想要某种治疗类型，但你不能或不乐意提供给她。如果在第一次正式咨询时，因为某种原因，你觉得对她而言你不是最合适的人，她可能会感觉到被拒绝。这一定不会有助于解决她的问题，你想要避免这一点。

克里斯·托尔曼(1983)的诗歌可能帮助你找到一点"感觉"，了解凯利在他的心理学里面到底是怎么表述个人构念心理咨询师和他的语言的。

如果你能深入地倾听，当她表达时

    暂时搁置你自己的观点

如果你走进她的思路

    暂用她的预测方式

如果你能进入，而不迷失

    能够俯视，而不蔑视

                           你就可能听见某些人

如果你能坚持不断地汇集信息

    同时置身于将其进行精细病理分类的环境中

如果你能保持开放的主张

    同时置身于将其聚类并且强加于你的环境中

如果你能保留一定的立场

    同时置身于收集诸多绝对"事实"并一成不变的环境中

如果你愿意探寻蕴意

    综合考虑她的需求

如果你愿意巡视可以成长的地方

    但是清楚地意识到自己的验证

如果你能形成诊断

    作为进一步调查的框架

而非一座地牢般将你封在内或者锁在外

如果你能看到你正从哪里来

　　　　　　　　　　你就可能看见某些人

如果你找到话题并能学会她的语言

　　找到威胁所在并与她一起编织走向自由之网

如果你能找到何时收紧，何时放松

　　何时策马加速，何时收缰缓行

如果你能找到改变的"效果"

　　核心受到威胁

　　因焦虑而聒噪

　　充满内疚的置换

　　对现状的敌意

如果你能听见她的过去而不置陈词滥调

　　通往她未来的许多希望，与她的当下相关联

如果你能看到套装中一件衣服是如何破坏另外一件的

　　　　　　　　　　你就可能连通某些人

如果你能用词汇来刻画而不是让词汇成为你的主人

　　超越这些字键般言语的操控

如果你能超越"共同"的感觉

　　并且找到唯她所有的符号

如果你能以多种方式把握她的意思

　　　　　　　　　　你就可能触摸到某些人

　　　　　　　　　2 设置场景

如果你能找到运行规律并和她一起运行

　　提前计划，准备一条路径

如果你能够考虑到她看到了问题的哪一步

　　知道她所希望改变的世界

　　　　　　　　　　　　你就可能帮助某些人

如果你能帮助她重构其混乱的构念网络

　　一起工作，深入探索，

如果你能找到似乎无人曾及的窗口

　　用丰富的蕴意创造出新的道路

　　　　　　　　　　　你就可能帮助某些人放松下来

如果你能帮助她实现重构

　　　　　　　　　　　你就可能帮助某些人实现解脱

与来访者第一次见面

无论何时第一次与来访者会谈，都无须执行急促、快速的程序。
所以，个人构念的方法并不局限于"一对一"情景下的会谈，尽管
对咨询过程来说，这是最平常不过的情景。我们首先报告一个在
通常的"一对一"情景下，与来访者第一次会面的情形。然后给出

个人构念原则在其他情景中如何被应用到咨询关系中的案例。当然了,接下来"我"就是咨询师。

特里克斯贝尔

特里克斯贝尔很准时。在她来之前,我(我的名字:费)无所事事地想着为什么她的父母给她起这么不同寻常的名字,学校里的其他小孩是怎么看待它的——甚至她自己是怎么看待它的。

特里克斯贝尔今年35岁,穿戴得体,像是一个在银行业务方面很成功的职业女士。她松松地梳着头发,很好地修饰了她的脸型。她比我要高——大约1.78米——说起话来活泼、明亮、音量高。

我们在椅子上舒服地坐下来。因为我想让她看起来轻松、自由,我更喜欢我们的椅子不要面对面放置——我发现二者呈约90度角时相当舒服。同时,因为我希望能更多地捕捉到她的表情的变化,我想让她的椅子比我的更多地面向窗口的位置,接受到更多的光线。

当我们握手的时候,她的手一直有些汗湿,我意识到在这次会谈中她正承受着某种压力并经受着某种焦虑。大多数人都是这样,所以这并不是一个非常充分的观察结果。但是,从个人构念的视角来看,它有着特殊的意义。她可能发现,了解、熟悉这样的情景有困难,也可能当事情到来时一下子不知道该对事情发展有怎样的预测。她可以不作预测,从而也就不知道该如何引导自己的行为。这就是凯利对"焦虑"的定义。压力是一个非常复杂的概念，而且常常与威胁紧密联系在一起。当我们意识到，如果我们对一个情景的解释是正确的，那么我们在如何构念我们自己的一些重要的方面会面临全面变化时，我们就受到了威胁。压力是一种感觉可能受到威胁的意识。因此特里克斯贝尔预测咨询可能"起作用"。

所以，我在她面前的举止就像我的假设是正确的；也就是说，至少在某种程度上，特里克斯贝尔通常无法知道如何表现才能与我的行为及情景相适应。而且她有某种感觉，即她决定进行的咨询可能让她有能力作出改变。那可能就是她希望发生的事情，但是，改变可能有一个可怕的前景。

因此，我尽可能地为这些场合提供一些结构。我拿出一支铅笔和一些纸张，问了一些诸如她的住址、电话号码、婚姻状况等常规问题。这绝不是我的标准做法，而只是我察觉客户需求的一种回应。我已经开始扮演与她相关的角色了。我将我与特里克斯贝尔的沟通与我所理解的她如何解释（构念）我们的互动联系了起来。

我的战略似乎开始起作用了。尽管她仍在休息间隙不停地谈话，但她的音调明显大幅下降。我轻信地听，并听得很吃力。在这最初的几分钟或是会谈期间，我的方法对来访者来讲就是，完全相信和接受她所告诉我的一切。不言而喻，一个来访者既要通过语言进行交流，也要通过行动进行沟通，来访者所"告诉"的信息是二者的结合。在这些早期阶段，我处于搜集印象的过程中，任何明显的不一致或是虚假情况与其他情况一样，都是关于来访者的大量数据。

为了能够轻易相信，我不得不把我自己的感情、价值体系、思想放置一边。它们在会谈期间是被"搁置"的。如果它们闯入我的聆听过程，它们就会闯入我与来访者之间。我唯一的兴趣是试图遵循（也就是"涵容入"）来访者目前使用的路径来感受这个世界。当来访者自带的路径构念因来访者正在经历的威胁而扭曲了他们的体验时，这个视角可以让咨询师一直保持勤奋、警惕。

当我听到特里克斯贝尔谈论她的母亲"是一个讨厌的人"、一个"自怨自艾的殉难者"时，我承担起我对她的责任和义务。我并不关心她的母亲是否是一个讨厌的人或是一个殉难者，这不过是她女儿眼中的母亲。

特里克斯贝尔将她的问题描述为不能与男性保持长期和持久的关系。曾经有一次，她绝望到服药过量，幸亏被及时发现并送到医院抢救。她为追求者付出真诚的爱，并最大限度地确保她选择的男人也如此回应她，但是关系总是受到挫折。她不能够理解这是为什么。

时间在一点点地过去，我们的会谈（50～55分钟）仅仅只剩下了10分钟左右。我有一种不舒服的感觉，我已经倾听了很多话语，但我对特里克斯贝尔生活的世界真的只有一种模糊的印象。在她漫长地描述与她关系很好的一个已婚女人时，我尽可能委婉地阻止了她。我问她："你现在是怎么想的？"经过一个长时间的停顿后，她回答道："我在想我刚才和你谈论的朋友，她很幸运，有幸福的婚姻和两个可爱的孩子。"

这并不是我的意思。她给出了她的想法，而我要的是感觉。"是的。你能告诉我你是什么感觉——现在——此时此刻？"停顿更长了。她的脸垂下去了，眼睛迷蒙，泪水涌出并从脸颊缓慢地流了下来。"我感觉我是多么地爱大卫——我朋友的儿子——我有那么多的爱可以奉献，但是似乎没有人愿意接受。"一个想法冒出来，这听起来就好像是她在说错误全都怪别人而不是她自己。我并未根据这个想法做任何事情——就让它躺在那里，直到可以验证的那一刻。

在这样一次初始会谈中，我制订了一条规则，即从不刻意去探索可能非常复杂的问题——这要花费比我们现在可用的更多的时间——或要了解比我目前掌握的更多的有关来访者的知识。在一些棘手的问题被调查之前，有关来访者的知识（数据）是非常必要的。咨询师应该要意识到在这种探索中可能牵涉到的潜在的危险，如：来访者可能被要求面对什么样的威胁和焦虑？

我的问题已经为我正在寻找的答案提供了数据——我现在对给特里克斯贝尔带来问题和困扰的世界有了一个突然的清晰的一瞥。此刻，是否是那个问题已经变得不重要了。

我们在一起的时间快要结束了，我需要确定的是，特里克斯贝尔已经"收紧"了她有关日常世界的构念系统，从而让她在离开之后能够更好地应对这个世界。在发现特里克斯贝尔能够以更理智、更实际的水平应对这个世界后，我问她要一张大卫的照片，他喜欢什么、他在学校哪里等。我们友好地交谈了几分钟。她的眼泪几乎立刻就不见了，又重新活泼和微笑起来。

现在我问她是否还有什么事情需要问我的。她对个人构念方法非常有兴趣。我们此时此地沿着我们感兴趣的人的世界观这条线谈论着。只有对来访者重要的过去我们才感兴趣——在儿童早期阶段本质上没有什么重要的事，否则就意味着应该在所有的来访者中对它进行探索。我们没有任何答案——来访者有答案，但是我们的确有技巧能够帮助来访者从他们自己有关世界的构念里寻找答案。我强调，我们并不认为没有绝对的真理，因为我们都以自己独特的方式在观察世界。这就意味着我们能够改变我们观察世界的方式，尽管这从来都不容易；我们期望我们的来访者能够做很多工作，包括会谈之间的工作。

我也经常强调我们的观点，即大部分的"工作"应该由来访者在会谈与会谈之间完成，而不是在会谈期间进行。既然所有的行为都被看作一种实验，那么会谈与会谈之间的实验变化要比会谈内的变化更大。会谈是设计实验的地方。如果一个来访者认为咨询的方法对他们有用，我就会与来访者签订一份我们都为之"承诺"的系列会谈的合同。

所有这些想法的措辞方式都极大地依赖于来访者，但是信息是一样的。

　　　　　　　　　　　2　设置场景

特里克斯贝尔决定，她愿意从个人构念的视角来探索她自己的问题，我们在第一阶段安排了十次课程的会面。我认为这并不够，因为我已经有了初步的想法（假设），她将不得不接受一些相当激进的语言构念她的观点——大部分都与她和她母亲的关系有关——这其中大部分又是前语言的（属于童年期发展的非语言构念的）。我们的第一项任务可能就是说服她认识到，一些问题就存在于她对待别人的方式中，以及别人对待她的方式中。但是，我们将拭目以待。

我们计划下周会面。在接下来的一周，特里克斯贝尔被要求写一份"自我特性描述"。这是来访者的一幅"肖像"，是她通过第三人称的口气写的。对这幅肖像的长度、内容等没有实质上的规则要求。其详细信息详见第4章。

特里克斯贝尔离开了。相比来的时候，她显得非常放松，她谈话背后的压力也消失了。我们都表示，期待在下周再次会谈。

其他场景

正如我们前面已经说过的，并非所有的个人构念咨询都发生在"一对一"的个人场景里，尽管这是这本书的焦点。轻信聆听的技巧和把构念系统归入另一个含有一些必要的知识元素的个人构念理论对许多情景都是有价值的：那就是，不管来访者需要探索的世界处于何地，都可以以一种有益的方式与其建立关联。下面，列举了一些与其他场景有关的例子。

一个护理场景

医院里面的病人常常谈到"退化"这个词。那就是，他们被认为以一种孩子般的、依赖的方式表现自己。这种行为被许多人构念为不受欢迎的，需要被处理。拥有个人构念心境的护士将会以完全不同的方式接触一个"幼稚的"男性病人。自此以后，对她来说，所有的行为都是一种实验，她会问自己，病人这么做是怎么想的。他在开展什么实验呢？

诺曼先生是一位商人，对构念他的工作世界有着一种非常好的组织方式；他也是一位父亲，并有一个能很好地服务于他这个角色的构念系统。突然，他发现他处在一种自己构念世界的主要方式无法起作用的情景中。焦虑充斥着他的心灵，因为他不仅不能很好地预测发生在他周围的事件，而且也不能预测他自己。这种焦虑是无法承受的。

他抽搐着，无意中发现了一个构念事件的子系统，但是他发现并不能长时间地利用它。在那个世界里，女人们照看他并留意着他的需求。他再次通过那些个人构念观点去观看世界。它们并不能使他很好地适应这个世界，但至少比他自己感受到的混乱局面要好。他开始表现出孩子般的行为。

一个已经听闻并听懂了这条信息的护士会用一个更好的工作姿态来帮助诺曼先生提供更多的病情结构，以及他不得不接受的一般疾病角色。她可能帮助他赋予其新体验一些意义，让他能够从一个成年人的角度而不是一个小孩的视角来进行构念。对于那些身体不舒服的人而言，要了解个人构念咨询更为广泛的意义上的看法，读者可以参考维尼（1989）。

一个职业治疗场景

有一个人叫维妮。她在一所精神病医院待了32年——从她17岁那年就开始了。她是一个非常令人愉悦的人，医生们都很喜欢她。她总按照指示去做，而且始终保持微笑，喜欢被拥抱。她也有勃然发怒的时候，但是这种情况很少。而且，维妮从来都不说话。理解维妮的构念的唯一方式就是观察她。很容易看到的是，她的行为实验常常能为她提供她寻求的结果，难怪她感到满足。她发现没有必要与人们交谈或要东西——他们和她交谈并给予她东西。

一段时间以来，个人构念职业疗法师一直在努力通过观察维妮的行为，来构念她的构念。一天，她正领着一群病人穿过医院去陶艺治疗室，她看到维妮放慢了速度。她脸上通常挂着的空洞的微笑不见了，取而代之的是一种从未见过的表情。就好像是维妮用过去的某种魔法召唤出来了一种构念她的世界的方式——在她成为这种孩子气的维妮之前。她正在望着一架钢琴。

当天晚些时候，职业治疗师到病房去看维妮的病情记录。在那里，在一堆厚厚的以泛黄的页面开始的记录中，写道："据说，维妮喜欢弹钢琴。"

第二天，维妮就被带到一架钢琴前。她坐在凳子上，神情严肃专注地开始弹奏。她的手指似乎不听使唤，但是脸上却洋溢着十分幸福的表情—— 一种职业治疗师之前从未见过的成年人的表情。维妮正在弹奏肖邦的《夜曲》。在某种意义上，职业治疗师感觉她是第一次见到维妮。她决定，这就是她试图深入探究维妮构念世界的奥秘所要用到的媒介。

一种艺术疗法场景

马丁是另一位不说话的人，但是，马丁看起来并不高兴。他与医生们相处困难，经常有突发的暴力行为。在 16 岁的时候，他似乎就已经放弃了说话。现在，他 22 岁了。他被送去进行艺术治疗，因为人们认为他可能通过绘画来表达他的一些问题。但是，马丁并不太配合这个计划。他只是坐着，一天又一天，凝视着天空。

在艺术教室里，从来没有过多的时间给单个的病人，因为很多病人都很活跃并有很多要求。然而，个人构念艺术治疗师却把每次课程与马丁紧密接触 10 分钟当作自己的工作去做。艺术治疗师与马丁什么都谈，只要是进入他大脑的东西他都与马丁谈。

一天，当艺术治疗师在马丁的旁边涂鸦时，他意识到，马丁空洞的目光有了改变，有了一种焦点专注力。他的目光集中在涂鸦上面——这是一艘帆船。艺术治疗师递给马丁一支铅笔并将纸张转向他。马丁拿起铅笔，画了一个悬崖，悬崖边上站着一个人物。艺术治疗师拿回铅笔并在帆船上画了一个人，那个人向悬崖上的人伸出一只手。接着，是一段长时间的停顿。艺术治疗师象征性地咬着手指甲——马丁会接受这个手势，还是表示他自己要跳下悬崖，或干脆不玩这个游戏了？马丁慢慢拿起了铅笔，重重地叹息了一声，画了一系列的曲线。这是一座桥吗？是一条彩虹吗？对于马丁和艺术治疗师之间的第一次交流而言，这并不重要。马丁第一次直接看着艺术治疗师的眼睛。"干得好"，艺术治疗师说道。马丁和艺术治疗师开始交谈了。

总　结

咨询师用个人构念理论的内核及其构建替换论哲学的过硬知识来武装自己。她以此为自己提供一个理论框架，让她能够理解自己的来访者是如何构念来访者自己的世界的，这反过来又导致来访者产生了他呈现出来的问题。除了这些和其他的技巧，咨询师需要弄清她的来访者看待咨询关系的可能方式和他可能需要什么。选取出的例子是为了表明，咨询师是如何在各种意识层次上进行工作的——高度语言的、几乎完全非语言的以及通过语言和非语言渠道接触的前语言层次。如同所有的方法一样，与来访者合作的简单描述似乎与另一种方法非常相似。咨询师是有创造性的，有供她使用的与来访者互动的任何方法，只要她认为那对来访者赖以重构生活的路径有所帮助。

下一章，进入咨询师积极尝试将来访者的构念纳入这些职业构念的咨询阶段，从而提出来访者为什么会有问题的假设。这一诊断阶段被看作咨询的计划阶段。

理解问题和可能性的架构

3

现在，我们已经作好准备，聚焦会话、收集数据，为系统构念来访者问题的性质进行第一次尝试。我们必须搜集足够的信息，从而让我们能够明确与来访者一起前行的方向。

3 理解问题和可能性的架构

"诊断"的意义

凯利强烈地认为，进行"医学"诊断界定问题对来访者并不利。那样做不可避免地会将来访者归类并贴上"抑郁症""人格障碍"或是"焦虑状态"等类别标签。凯利将他的观点陈述如下：

> 临床医生，尤其是心理医生，很难将他的来访者的问题简化归纳为一个问题。他必须要观察他的来访者……而且要从大量不同的维度观察。这些做起来并不容易。某些心理医生甚至都不尝试；相反，他们试图将问题归结到一种简单的"诊断"或"疾病实体"。在对问题进行了先行构念之后，他们开始处理来访者，根据书本内容要求做对这种特定的病例所有应该做的事情。如果一个来访者遇到这样的临床医生，他需要对自己应该接受什么类型的诊断谨慎小心。（Kelly，1955：193；1991：Vol. I, 134）

　　　　3　理解问题和可能性的架构

所以，对于个人构念咨询师来说，没有医学分类可以利用。因此，让我们困惑的是我们是否可以使用术语"诊断"。但是，概念本身并没有任何错误，而是它所赋予的含义造成了问题。

个人构念咨询师，像其他咨询师一样，想要帮助来访者。为了达到目的，她必须试着去理解来访者当前的现实生活（即来访者是怎么看待的）。进一步讲，更重要的是，目标是遵循构建替换论的哲学基础以及来自基本原理及其11个推论的心理假设。咨询师必须在来访者对世界的构念中找到途径，沿着这条途径，他和来访者就可能找到解决来访者问题的措施。这些都会使我们对任何诊断的构念都处于来访者重构的计划阶段。凯利将这些称为"转变诊断"，并给予如下解释：

> 所以，我们内心可能要清晰地记得是如何进行诊断的，这里使用的是"转变诊断"这一术语。术语表明，我们关心着来访者生活中的"转变"，并在寻找来访者当前和未来之间的桥梁。而且，我们希望积极参与帮助来访者选择或构建所要利用的桥梁以及帮助来访者安全地穿过它们。一般情况下，来访者并不会将自己局限于某一疾病学的分类类型中；他沿着自己的道路前进。（Kelly，1955：775；1991：Vol. II，153）

职业构念

为了能够阐述任何一种诊断，在你处理时你需要拥有一些"职业构念"。凯利认为，精神分析思想的重大贡献之一就是其一系列构念的发展，这些构念与来访者内心出现的问题有关。像凯利一样，弗洛伊德和他的追随者们反对当前死板的程序，它将人们归于某种已经分好的疾病类型中，例如"抑郁症"或是"焦虑状态"。与之相反，他发展出自己的职业构念系统，从而了解来访者及其存在的问题。这些包括众所周知的情结、压抑，以及诸如升华这样的自我防御机制。

重点是，凯利和弗洛伊德两人都发展出了一系列职业构念以作为医学诊断分类的替代选择。凯利的职业构念系统暗示了人们更重要的能够变化的方式；它们并不是为了使一个人能够与其他人相比："它们被临床医学家（咨询师）看作运动的通道，就像来访者个人构念被他们自己看作潜在的运动通道一样。"（Kelly，1955：775；1991：Vol. Ⅱ，153）

咨询师通过两个层次来了解来访者。第一个就是现在我们熟悉的"通过来访者的眼睛来观察世界"，并将自己的价值体系搁置起来。第二个则是通过职业构念系统努力去理解来访者的构念。以第二种方式就有可能与来访者成为伙伴，这样可以设计一个方案来促进来访者心理进步，而不至于感到孤单。构思前进之路的职业构念是详细和清晰的。

3 理解问题和可能性的架构

构念各类不同层次的意识　　**前语言和核心构念**　　正如前面

一章所概述的，凯利关于个人的
理论体系和哲学方法与弗洛伊德的理论在很多方面本质上都是不
同的，尤其是关于如何处理"无意识"的感觉和思想。

尽管特里克斯贝尔善于言辞，但对她自己以及对爱的需求有一些
感受，这些她都无法用言语表达。加之她的哭泣，被认为是某种
前语言构念的一种表达。

在我们生命的早期，我们就已经发展出了构念。那些为了应对我
们婴儿体验的构念是"核心构念"，而且主要是应对依赖性的构念。
我们的生存离不开他人。随着我们不断长大，我们大多数人将这
些依赖分摊给其他人和机构了。但是，特里克斯贝尔看起来却并
没有做这些。随着她不断地长大，她对爱和呵护的需求从来都没
有满足过，因为她从来没学过通过依赖他人来满足这些需求。她
仅仅想从她母亲那里获取这些需求——而她的母亲永远也无法满
足她。

这是有关"转变诊断"性质的一个例子。它代表着连通过去、现
在与未来之间的一种可能的桥梁。它也仅仅是一个有待检验的假
设——这是一个起点。

特里克斯贝尔还存在偏头疼的毛病。这种身心症状也可以被看作
对依赖性和无法以其他方式进行沟通的核心性前语言构念的一种
表达。头疼病或胃溃疡，不管前语言的身体表达什么，它们体验
现在就像它们曾经体验的那样。当小特里克斯贝尔感觉到自己会

被妈妈拒绝时，可能会变得非常紧张，进而可能导致头疼。另一方面，它可能被看作一个依赖手势，是对爱和同情的一种呼唤。现在，在成年人的生活里，当感觉到不被爱时，或者想要获取爱时，同样的身体特征会再次应验。

正如我们在第一章中强调的那样，凯利关于构念过程的观点几乎与经验的概念是同样的。我们指出，他认为将人分割为感知、思考、感觉等单独的部分是没有用的。构念并不是一定需要语言才行。一个正在深度思考的人，尽管身处一个无声的世界，仍然是在积极地构念，只不过他利用的是另外一个子系统。一个被一段音乐吸引的人就正在积极地构念——音乐可能毫无他义——尽管那个人的头脑中可能并没有涌现出任何词汇来描述他正在听什么。

所以，当她被要求"进入"另外一个"感觉"世界时，特里克斯贝尔有着非常不同的体验。就好像她的构念知识子系统（言语的）与她的感受子系统（非言语的）很少甚至没有进行过沟通。

如果前语言构念被认为与来访者的抱怨有关联的话，咨询师知道他将会有一场艰苦的斗争。尤其是，他不得不考虑他即将着手准备的咨询关系的性质。作为一名中年女性咨询师，我不得不仔细思量在与特里克斯贝尔的咨询关系中"我"到底是什么角色。"我"不得不在什么地方保持提防而不至于被特里克斯贝尔看作"像拒绝我的母亲"？

许多前语言构念并不关乎此类核心问题。有些在生命早期就已成熟的构念从来就没有再"更新"过。我们知道，前语言构念有时候与我们的非理性行为或是身体在平常情景中的反应有关联。一个即兴发言就会使血液涌向我们的脸颊。

在对弗洛伊德的无意识概念与凯利的低水平意识下的构念之间必须作出明确的区分。主要的区别在于，对弗洛伊德来讲，是心理能量推动着无意识的思想、图像或其他任何东西进入有意识状态。凯利却没有诸如心理能量的原则。正如顿·班尼斯特所说，凯利发现，把我们所有人看起来像是"液压系统"并没有什么用处。我们在一个特定水平的认知意识上构念一个事件，是因为在那个水平上我们可以最大限度地理解我们所面对的事件。当我们谈论凯利有关移情的观点时，我们将对凯利有关"无意识"构念的方法作进一步的探讨。（见第5章）

构念中的淹没极　　如果前语言有依赖或核心构念看起来有关联，那么咨询师需要警惕构念中的淹没极。这些构念，其对立面从来没有被详细阐述——他们很少或没有意义。在这层意义上，只有部分构念可以被有意识地探索。所有的构念都有两端或两极。一极说的是某些事情是如何相似，而另一极则说的是它们是如何不同于其他的事情。通常是有差异的一端被淹没。特里克斯贝尔把自己看作一个经常被拒绝爱的人，尽管她有很多爱可以付出。而提出对立的一极，即"某人的爱被接受了"的阐述相当少。

特里克斯贝尔了解何谓拒绝。事实上，似乎看起来她一直在以这种方式行事，以确保能接受它。看起来，她还不知道如何构念被爱。这阻止了变化，因为我们不可能成为我们不能构念的事物。

对于咨询服务来说，一个重要的问题是：当特里克斯贝尔面对一个无法拒绝她的咨询师时，她将怎么办呢？咨询服务常常是一项帮助来访者应对此类构念淹没极的事情。

咨询服务中一个可能最有用的问题是："我的来访者不做什么才能表现得像她本来的样子？"寻求一个来访者在说什么的相反意义，寻求那些构念中的淹没极，寻求那些构念中尚未详细阐述的极，那里有着关于我们来访者私人世界的极为丰富的知识。

搁置　　有些时候，事件的构念发生变化会导致一些经验被"冷落遗忘"。重构导致了事件或是经验在构念系统的重新组合中无法适应。这个事件或经验就被称为"搁置"。而且它会一直"搁置"到深层次的再构念发生并将其重置于构念的益性范围内。凯利将我们构念各个方面的搁置等同于遗忘。

构念中淹没极的详细阐述和之前搁置的事件或经验的突然获得能够产生一种"顿悟"。凯利对"顿悟"的界定是，当来访者开始接受咨询师的特殊构念的时刻发生的现象。他并不热衷于一般意义上的顿悟经验，而是更倾向于将它们看作来访者的一种有意识的经验，而这种意识他之前无法有意识地去获取。或许迄今为止，一个事件的再现一直是搁置的。

卢克就有一个这样的经验。当一个儿时的非常生动的记忆被唤起时，他就会高兴起来。小时候他有一个玩伴——大地主的儿子。卢克的父亲是一个农民，种的是大地主的土地。在那里，这两个

　　　　3 理解问题和可能性的架构

小孩，进入了村里的商店。大地主的儿子说道："请拿两个便士的糖果。"慈母般的店主将糖果递给他们并轻轻拍了拍大地主儿子的头，说道："今天过得怎样呢，约翰少爷？"大地主的儿子给出了一个恰当的回答。慈母般的店主又转向卢克问道："你想要点什么？"卢克之前未能将这次记忆与他希望在成年生活中得到尊重的急切期望相联系——而这，反过来，与他的口吃有关。

"啊哈"经验可能对来访者有神奇的作用，也可能使他们面临无法接受的焦虑和威胁。咨询师必须确保，对顿悟蕴涵的探索不超出来访者的能力，从而紧扣事和物。来访者需要确保每个蕴涵都是有意义的，并且能融入她既有的构念系统。

转变中的构念

我们继续回到中心观点，即感受和思维并不是单独的实体，而且在凯利看来，它们通过构念紧密联系在一起。再次引用凯利对这个主题的看法："对情绪与认知这两个构念作出区分的经典差别，曾经发挥过效用的最经典的差别，已经变成了敏感心理探究的一个障碍。"（Kelly，1969b：140）

通过将其看作一种我们的构念系统处于一种转变状态的意识，或是一种不足以构念我们所面对的事件的意识，凯利将情绪体验与他的理论有机结合起来了。不可避免地，来访者意识到这种转变状态的信号将成为我们诊断问题的重要组成部分。

然而，我们必须谨慎对待将我们个人的情绪意义强加给别人。如果这样做，我们可能会因为误解他们而感到内疚。就像是强加特质给别人扼杀其个性那样，给别人贴情绪标签也是一样。例如，海伦·琼斯（1985）认为，我们不应该使用"抑郁症"这一术语来描述某个人的状态。每个说自己沮丧的人，当被倾听的时候，将会提供他们自己相关经验的特殊景象。这并不意味着，所有"抑郁症"者没有共同特征，而只是每个人经历的现实情况可能不同。尽管我们在这里会逐一察看每一个人的转变状态，但它们不可避免地会有重叠。

焦虑　　有一种情感，我们可能都会认为自己能够辨认和体验它，焦虑作为一种确确实实存在的情绪，与平时的"心境"有很大不同。凯利认为，当我们面对我们发现解释或预测都很困难的事件时的体验，焦虑是变化的、不可避免的伴生物。无论何时，当我们置身于一个新的情形下时，我们一定会面对新的事件，其中有些事件我们构念起来可能有困难。

焦虑意味着我们既不能预测自己行动的结果，也不能预测其他人行动的结果。我们之前可能从来没有遇到过类似的事件，甚至不知道该怎么办或是如何思考它。凯利指出，焦虑绝不一定是一件坏事。"从个人构念心理学的立场来讲，焦虑本质上，并不能归类为好或是坏。它代表一种意识，即一个人的建构系统并不适用于眼前的事件。所以，它是作出修正的先决条件。"（Kelly，1955：498；1991: Vol. I，367）

辛迪·路（在卡门·琼斯音乐会上）在经受混乱喧闹的痛苦以及发

现乔不再想她时，大声哭了出来。"'我'就像一片树叶脱离了树干。"在我们整个人参与的情况下，我们很清楚，这些不仅仅是一种情绪体验，而是更加综合性的体验。

罗斯在学校门口等待她的小孩。小孩出来得比平常要迟一点，其他大部分孩子都已经走了。约翰常常是第一个出现，半披着他的上衣冲门而出。时间在流逝，她的小孩依旧没有任何出来的迹象。罗斯向着学校的主大门走去，寻找她的孩子，却发现主大门已经锁了。发生了什么？他去哪里了？她现在应该怎么做呢？罗斯一时也想不出发生了什么事情。伴随着这极大的焦虑，她可能体验着威胁。

威胁　　威胁的定义是，在我们的核心角色构念中，我们所面临的、迫在眉睫的、广泛变化的意识。我们看到，在我们细心保护的构念领域里，我们面对的事件可能会导致巨大的变化——那些与概念"我的"和"我"有关。

威胁是在任何成功的咨询中无时不在的问题——因为我们要求来访者直面他们如何构念自己的变化，这便有威胁。有时候，来访者处理威胁的方式常常被咨询师看作阻力。一直向话语流利进步得非常好的口吃者，突然旧病复发，放弃他新学成的流利话语，依旧用老套熟悉的口吃语气。他很可能已经看到自己成了一个说话流利的人，相伴而来的现实是，他对自己将成为什么样的人几乎没有想法。重新返回到一个可以理解的和可预测的世界是最好的——无论那个世界是多么地不受欢迎。

没在学校门口接到约翰，引发的不仅仅是焦虑（无法赋予事件以意义），而且还有她对自己作为一个好母亲的核心构念中"一种迫在眉睫、广泛变化的意识"。返回家中，给朋友打电话询问约翰是否在他们那里，她有关他的整体自我感觉开始出现质疑："我是不属于妥善照看小孩一类的母亲吗？"此类威胁性和不可预测的情形同样能够引起罪恶感。

内疚　　当我们看到自己的行为方式并"不像我"时，内疚就产生了。我们被自己从核心角色构造中驱逐出去了。内疚的定义远远超出了自责。事实上，即使没有任何有意识的自责，内疚也能够产生。对于一个咨询师来讲，退休就可以将咨询师从一个咨询师的核心角色中驱逐出去，就像长期患病或是有缺陷对于一个活跃的人来讲，其体验也是一样的。

当她发现约翰已经自行离开了学校并在回家的路上被一辆车撞倒了，罗斯体验到了焦虑、威胁，接着是内疚。于是她便来咨询。带着深深的内疚（她"自身"被从妈妈的核心角色中移除）。她失去了自我意识的一个重要组成部分。

克莱拉，她认为自己很节俭，而且很看重这个品质，如果她出去花一大笔钱买一条裙子的话，就会体验到内疚。她的核心构念的一部分是关于节俭的，而且节俭的人如果没有好的目的，是不会去花大量的钱在自己身上的。

凯利关于内疚的定义是关于个人构念心理学价值中立性质的一个很好的例子。成功自信的骗子，当他为一个可能的上钩者生出怜悯之心而致其脱钩时会体验到内疚。他会认为自己脱离了强者的核心构念。

有时候，咨询师直接从来访者身上知觉到这些情形，他们努力让人看清自己。其他一些时候，需要花费稍微长一点时间去弄清楚。乔治隐约感到"生病"，很是沮丧。他即将从教学岗位退休，最近几年他并没有从中感受到乐趣。他一直期待着退休后的"自由"，利用他的闲暇时间去做他想做的事情。只是在他看到退休这件事已经近在眼前时，他对于自己"不是一个老师"的构念还没有一个清晰的画面，他受到一种空虚的威胁。退休生活开始时，有关新生活的详细计划和预测帮助他克服了目前的焦虑和被驱逐的体验。

敌意　　凯利关于情绪的定义是建立在一种我们对世界构念的意识基础上，而敌意和攻击性则与行动有关。

敌意是通过不断努力去牵强地引出那些已经被认定为失败的社会预测的有效证据。如果我们不喜欢从自己的行动中牵强地引出证据（我们正在从我们的实验中体验无效性），有三条行动方针可以利用：可以认可我们的预测不好，需要重构；或者可以认为我们没有真正恰当地阅读证据和重复实验；还可以尽力"做假账"。最后提到的这条行动方针，搜寻证明我们一直正确的证据——我们是在以一种充满敌意的态度行动。

口吃的人，发现他正奔向他期待的理想状况——流利的——可步子迈得太快了，于是重返回到已知的、熟悉的、旧的自己。他牵强地引出证据，以表明他正在体验的变化并不是真正在那儿。他将举出很多例子，关于咨询师构念为好转的迹象如何仅仅是巧合的情形，或是它们有一些永远不可能再次发生的独特性。他说服自己仍然是一个口吃者。

敌意有四个重要的特征：①人能意识到他们处于不可能的情景中。这个情景是混乱的，充满了焦虑。②人会（在某个意识水平上）看到这是他们自己进行社会实验的结果。③人试图以这样一种方式表现，他最初的期望是真的，并且自身并无任何改变，"充满敌意的人寻求的是姑息，而不是理解"。④一个人的敌意可能通过攻击性得到解决。

卢克，一个口吃者，正体验着极大的焦虑，尽管他的咨询师看起来对他的"进步"是如此高兴。他知道，在某种意识水平上，他处于一种不可能的情景中。当他流利地与他人说话时，他得到不能合理构念的证据——他只是不知道如何表现得像一个说话流利的人——这对他来说太缺少意义。在他正变得讲话流利的情景中又变得结巴了。他并不尽力去理解他的焦虑，他想确认他仍然是一个真正的口吃者。

攻击性是对一个人的感知域的活动详述　　我们主动将自己推向未知的情景，面对新的问题，暴露出自己的新焦虑并且在特定方向上拓展我们的视野。在某种意义上，攻击性是敌意的对立面。它是向前和向外的，而不是向后或内在的。

另一方面，它们是有联系的。攻击性的人往往是不安分的，他们会一直不断地探索。其他人发现他们自己已陷入这些探索中；另一些人则发现他们跟不上节奏，当他们认为探索变得可预测的时候，场景已变换了。他们的任何发展都必须符合最初的想法，以此试图给攻击性的人强加限制，从而变得很不友善。此类敌意的证据来自下面的评论："当你开始的时候，整体的想法无疑是……""但是你去年说过……"攻击性的人继续前进而留下其他人仍在那里继续挣扎。

扩展和收缩

有一些术语与拓宽视野、对构念加以限制有关。它们的功能就是为了重组我们的构念系统以便能够应对不协调。

扩展自身感知域的来访者可能①行为有攻击性并且扩张他的兴趣范围；②不断变换主题，到处都能看到可能性；或③开始认为所有的事情都与他的问题有关。以这种极端的形式，扩展可以看出一个人的狂躁状态。

扩展既没什么好，也没什么不好；正如焦虑和其他转变状态可能有用也可能造成破坏一样，扩展也是如此。当新的途径被开发出来时，扩展就逐渐发生并且非常有用。然而，如果它来得过快，人就将为自己创造他无法充分构念的事件——因此会体验焦虑。如果来访者扩展得太快并体验着焦虑，有一种行动方式可以帮助他——收缩。收缩可以帮助他将任何他可能体验的不协调、不一致缩小到最小。

卢克利用收缩来重构自己，把自己当作一个希望受到尊敬的人，并被认为是重要的，而不仅仅是抓住任何机会去获取一些本不属于自己的尊重。这就降低了将自己看作有品性的人并希望得到别人的尊重，与他希望他所做的一切受到尊重这二者之间的不协调或不一致。

收缩是处理个人混乱和焦虑的一种有用方式。它有助于避免不协调，并使"世界缩减到更易于控制在自己的两只手中"。（Kelly，1955：901；1991：Vol. II，241）像所有的职业个人构念那样，它既是有帮助的，也可能是制造问题的。如果收缩是巨大的，来访者可能描述的体验为感到"沮丧"。

放松和紧张构念

对凯利自己而言，他的理论中有关咨询的一种最重要的构念就是收紧—放松维度。这与我们的预测能力有关。它对变化的过程是极其重要的——这里特别强调"过程"这个词。

在紧张构念中，我们以一种不变的方式进行预测。我们清楚地知道我们是什么。事件在不断地被构念（预测），每一次利用的都是构念中的同一极。一个人，今天把苏珊构念为阴郁的而不是开放的，明天会以同样的方式进行构念。若某人以一种放松的样式构念他人，则可能认为马克今天是阴郁的，明天却是开放的。

诗歌是放松构念的一种形式，就像做梦一样。两者都由有内涵的线索松散地编织在一起。来访者经常加强他们的构念，以试图处理他们世界中不断增加的混乱。这是在尝试着保持一定的预测稳

3 理解问题和可能性的架构

定性。如果"紧张构念"是咨询师转变诊断的一部分，接着咨询师将会尽力鼓励来访者挣脱束缚。从紧张到放松的移动变换与反复是创造循环的基础，而且对于整个变化过程来说都是很重要的。

变化的循环

正如我们在第 1 章中简要提到的那样，凯利描述了三个循环，它们都是变化过程的中心。这些循环与经验、创造和决策有关。将人视为一个整合过程的复杂性之一，是所使用的理论构念之间的不可避免的关系。没有别的，只是我们不想回到有关人的不连续的章节—标题模式，他的学习不同于情绪，又不同于知觉。

所以，在一定程度上，三个变化的循环是有重叠的。创造循环归因于我们的独创性，但是我们的原始想法可能促使我们想要采取行动以进入决策循环。这些反过来，又能够引领我们进入经验循环。然而，它们之间有着根本性的不同，这些不同点的数量远远超过它们的相似之处。

经验循环　　这里我们给出这一循环的梗概；详细内容我们将在第 7 章中具体讨论。

经验循环有五个阶段。第一阶段是预测。人对发生什么事都会有所期待。正如埃普坦和亚美利加纳提醒我们的那样，这一点也不需要任何认知水平方面的意识。我们的预测可能是内心的恐惧和兴奋。第二个阶段由承诺或是自我涉入组成，在这个阶段的人愿意实验一个新的事件。下一个阶段就是"遭遇"事件。这个阶段经验在各个层面被充分构念。这会带来与预期一致或不一致的结果。根据这一结果，最后一个阶段即建构性修订阶段就需要实施。可能我们的预测能够在很大程度上得到证实；也可能需要重新审视一下某种有关我们自己的长期坚持的理论。无论结果是什么，总会有一定程度的变化。这个人也就永远不再是同一个人。

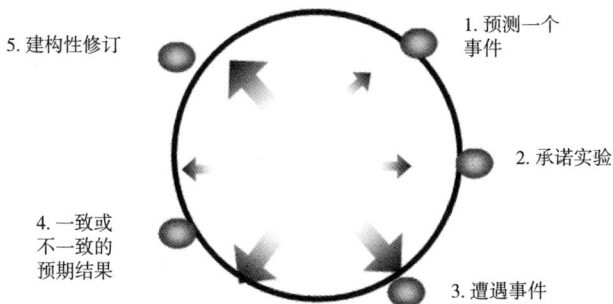

经验循环

创造循环　　这个周期的基本性质是它对变化过程的描述，是从收紧到放松构念，然后放松到收紧构念的移动的无穷循环。有些时候，来访者被卡在循环的某一个阶段或是另一个阶段不能移动。我们有时需要紧缩我们构念的各方面，有时又需要放松。一些人更倾向于紧缩，而另一些人更倾向于放松。我们要强调的是这不是一个特征。一个人并非一个"紧缩"构念者或是一个"放松"构念者。每个人都会用一种紧缩视角观察他们世界的一些方面，而用一种放松视角观察他们世界的另一些方面；同样，每个人在同一时间维度上对事情的观点都会发生改变。我们在此所说的是，

　　　　　　　　　3　理解问题和可能性的架构

如果我们被锁定在其中一个模式中，我们可能有问题。那么，我们以另外一种视角处理我们的世界也会有其他的问题，我们就不会有创造力。

莫里尔与她的邻居之间有摩擦。他们晚睡和嘈杂的生活方式使她不能入睡，以至于使她感觉自己因为疲劳和沮丧而生病了。我（佩吉）发现，她对她的邻居有非常紧缩的构念。她没有抱怨是因为他们会同样地回敬你。她没有告诉他们你的悲痛是因为他们会嘲笑你。而且，无论如何，这些邻居"不是很好的一类人"，这类人"感觉迟钝""粗心大意"。她需要放松一下来好好考虑如何处理所面临的情景。她能否实现以另一种途径去抱怨或是卸掉她的悲痛从而得到一种更好的结果？而且，如果她能做到，她能否考虑从他们那里获得一个回应而不是感觉迟钝和粗心大意？

慢慢发现，她几乎不知道什么是家庭，而宁愿自己一个人生活。因此，建议她可以从和那位母亲谈话开始，至少是她最不讨厌的了。她有一天终于鼓起勇气和那位母亲谈话了，而且令她惊讶的是，她发现那位母亲也有自己的麻烦。她的一个儿子生病了，并且她的丈夫也面临失去工作。当莫里尔表达了自己的同情时，那个女人问她是如何以及是否是一个人孤独地生活在房子里。这倒使得她提到她的睡眠相当差，她觉得可以尝试谈起摔门声和强劲的音乐的问题。使她感到安慰的是，她的尝试是与邻居谈判而不是抱怨没有成果和没有改进的东西。

她的构念放松到某种程度，即尽管她仍然看到，一些邻居明显是报复性的、嘲笑的、麻木的和冷漠的，另外一些则没有。他们也能够非常友好，而且也有他们自己的问题。从她谈论发展与邻居和他人关系的说话方式可以看出，很明显，把涉及她的人构念为一个整体，使其处于放松，然后紧张，最后再放松这样一个过程。旧的理论受到了挑战并得到了修正。

相比之下，一个人某些时候在紧缩构念方面有困难，当遇到，比如说人际关系时，就会有一种不同的问题。吉姆就是这样的一个人。当他努力描述他是如何看待他自己和他人时，他会立刻对他形成的许多结论产生怀疑。他看到大多数人在他的构念的两极之间以惊人的程度发生变化。他一点也不确定他是否能够称自己"诚实"或是"狡猾"，他的父亲在"强壮"与"虚弱"、"有目标感"与"随波逐流"的两极之间漂流。我们努力工作，让他自己记录下他工作时的一系列相似情景下的反应，从而建立一些稍稍不同的预测。他的行为有大量的一致性，而且在他像什么方面，他能够紧缩自己到某种程度。逐渐地，他更加能够从围绕在他周围的人的行为和属性特征中找到一种一致的模式。再一次，当他对人的经验带来了关于他们的新情况进而引起他的注意的时候，这个重构过程需要持续不间断的紧缩，接着是放松的循环。

在这两种情况下，我们将会看到，人的自身行为陷入了一个情景的重构过程。行为是测试我们当前认知的一种方式。在第一个例子中，莫里尔不得不对她的邻居采取一些不同的行动；在第二个例子中，吉姆需要观察他所做的，以找到他自己清晰的初况。构念过程是一种整体经验，当采取某种行动实施一个实验时，开始总是不应该过分强调变化。

慎重—先取—选择循环　　这是关于慎重、先取和选择导致作出决策的循环——也是一个我们都会以或大或小的方式涉入大量时间的过程。在慎重阶段，一个人调查所有的问题从而需要作出某个特殊的决定。先取指的是自动引向这些问题中最重要的问题，选择则代表的是针对那个最重要的问题，当事人决定该怎么办的那一时刻。而且，在这里，过程中的困难可能是许多来访者压力的主要来源。

这个问题主要体现在两个极端：那个人可能会陷入无穷无尽的慎重之中而常常无法在任何事情上得出任何结论。或者他或她可能作出冲动的决定，而不去考虑他们行动的含意。在彻底的绝望中，有些人会慎重很长一段时间，到最后只能作出一个冲动的选择。如此一来，慎重阶段突然就被缩短了。

玛丽的困境

玛丽承受着巨大的压力，感觉她自己处于生活诸多领域中的一个十字路口：她该不该置安全、枯燥无聊的工作于不顾，而让自己冒风险处于一个竞争非常激烈的领域的公开市场上？她最后是否应该购买一套公寓而不是继续支付高昂的租金？她是否应该同意嫁给她的男朋友？将她带入每个问题的循环往复是无用的，"仿佛"她已经作了这个或是那个决定，看看结果看上去像什么。无论她选择哪一个，都有严重的缺陷。如果她失去了工作，她将失去有着不错收入的保障，她可能不会找到足够的工作而让自己保持做一名自由设计师。如果她购买一套自己的公寓，她就会认为这注定让自己永远过单身生活，她可能作出糟糕的选择。如果她与她的男朋友结婚，她将不再孤独，但是她对私人空间的需求就会遭到侵犯。在这个阶段，玛丽看起来像是致力于在一个更加具体和认知水平上解决这些困境，似乎并不掺杂任何因这类问题可能引起的感情。

只有通过更深层次、更高级的构念来观察，我们才能够理解她的所有决定的含意，以及阻碍她采取行动的两难困境。从小孩开始，让她相信自己的判断就是一件困难的事，因为所有的决定都是由她母亲替她做的。她从不被允许犯任何错误，犯错对她而言将是可怕的景象。她对人们对她的感情以及她对人们的感情几乎没有信任——这在很大程度上源于她的父母对她前后矛盾的态度。前一分钟，他们还表现出令人窒息的担忧，下一分钟他们就对她的所做或是所想毫无兴趣。她还发现，她强烈感受到的任何成就，不论是否是一种关系、一些她想要的物质东西还是她渴望的一种体验，最终总是以非常失望和单调枯燥而终止。

她能做的第一个决定不仅仅是购买一套公寓。她能进一步反省，将现在购买自己的房屋的问题从将来是单身还是结婚的任何含义中分离开来。她选择完全从实际出发来看待它。你可以永远卖掉你买的东西。它可以被视为"一个好的投资"。她开始通过到处提供设计方案来解决工作僵局的问题，以此为将来可能的行动做铺垫。嫁给她男朋友的问题要复杂得多，因为这一承诺的含义自然非常严重。要改善她与父母之间的关系，她仍然还有大量的工作要做。处理好她与朋友之间的关系，她需要发展以他人的眼光来看待事物的能力（社会性）。最重要的是，在她还没有多少自信走这一步之前，她需要毫无恐惧地让自己体验到强烈的情感。

杰里米的冲动

杰里米有突然作出重大决策的历史，就像一个士兵在战斗中冲到队伍前面一样。他发现慎重既困难又单调无味。而且，在我们能够试图作出改变前，观察他的一些核心角色构念是非常重要的。我们很快发现，他非常羡慕他成功的父亲，一个在商业领域中冒着巨大风险的人。事实上，他在早期军旅生涯中曾经是一名伞兵。"冒险，不顾一切"对立的一极就是"停滞不前"；"锱铢必较"的反面就是"过丰富的生活"。杰里米在童年时代常常生病，他对自己的身体虚弱非常懊恼。他似乎下定决心要进行弥补，通过大胆工作，甚至是改变人际关系的大胆行动，这里的人际关系既指他与他曾遇到的冒犯他的人的关系，也指那些他发现极具吸引力而在第一次遇到时就宣布他会爱到海枯石烂的人的关系。此外，他相继因为一家企业失败而负债，而另一家企业他虽投入大量热情但却没有多加思考。

他表示害怕变得乏味,警告自己以便作出改变,远离麻烦,并带着恐惧开始着手探索他处理问题的方式。当他父亲无意中起到一个榜样作用时,我们怀疑地看着他在计算风险中寻找满足感的可能性。他们正在讨论他在做生意时短时间内仓促采取的一些出乎意料的成功的行动,而他的父亲恰巧描述了他投入了大量精力来预测他决策的后果。这引出他父亲第一次谈起为了做一名"勇敢的"士兵所需的培训和护理准备工作。杰里米曾认为,他所有的勋章都是灵机一动的结果,但他渐渐发现,他的父亲很少做未经精心策划的事情。他开始感到震惊,而他的父亲差点一下子从他的神坛上倾坠下来,但这也促使他考虑用其他方式进行控制并采取行动。

当然,也不仅仅是如此。杰里米也有一些有关他的能力和作为一个人的价值的相当负面的构念,这些构念似乎源自无助的感觉和作为一个生病小孩的依赖。鲁莽、轻率的决定,尤其是人际关系方面,很大程度上都与"放在第一位"之后便被轻易地忽略了有关。在这里对社会性多加关注是非常重要的,因为他没有考虑到,其他人从相识发展到充满激情的友谊或是提出求婚是需要时间的。他期望从一些非法的生意项目上尽快赚钱,如果没有其他原因,这与他急于想要模仿他的父亲和通过富裕成名有关。事实上,他的父亲对他既具有吸引力又让他羡慕,当他珍视其他人对他品质的评价时,他发现其实更容易停下来考虑他的一些行动的可能的结果和处理人与企业的各种方式。

3 理解问题和可能性的架构

来访者如何看待这个问题?

当然,这是整个个人构念方法的核心所在。你从人"在"哪里开始。这可能也包含询问对她重要的人是如何看待这个问题的。他们主要是同情吗?他们觉得来访者应该"加把劲儿"吗?但是,还有另外一个问题。咨询师不得不决定先从哪里开始,因为诊断是一个循序渐进的过程。第一步可能取决于来访者。在极端情况下,当一名来访者在初始会话时威胁自杀或杀人,毫无疑问这就是你开始的地方。你表现得就像他会言出必行,然后你再采取适当的行动。这可能牵涉到寻求其他专业化的帮助,也许可以从精神病学家或是来访者的全科医生那里寻求帮助。

或者来访者可能抱怨严重而持续的呕吐或头疼,他可能看起来病了。你可以假设来访者患有生理紊乱或脑损伤,这些将先取于他是如何构念紊乱的。如果这是你的诊断,你会采取适当的行动。无论哪种情况,你都必须决定你的来访者是否是一个"心理学病例",或是一个"医学病例"。即使那位来访者的确有脑损伤,也并不能将他完全或是主要归于一个"医学病例"。问题是在目前的情况下,如何让他及时得到最好的帮助以处理他的情况。

来访者看问题的方式可能与社会或是咨询师看问题的方式完全不同。例如,有一个纵火犯,坦承是他放火烧了建筑物——毕竟,他正在为他的所作所为服刑,而且已经变得沮丧抑郁。采访并没有从他那里得到更多的信息。然而,当利用凯利的测评工具进行调查时，即凯利方格技术（详见第4章），人们就会清楚，他实际上是在惩罚社会，并承认不是纵火，而是涤罪行为。（参见Fransella and Adams，1966）

另外一个极端的例子就是厌食的女孩说她什么问题都没有。她的体重是正常的，仅仅是她的父母和社会在担心。在这种情况下，咨询师会面对很多复杂的问题。有人说，在这种情况下，你只能通过治疗整个家庭来进行干预。从个人构念视角来讲，现实的问题就是如何帮助一个并不想寻求帮助的人。而且，人们还面临着道德问题，即是否有权介入这样的案例。（关于这个问题的进一步讨论，参见Fransella，1966）

来访者产生问题的得与失

个人构念咨询师知道，在所有的案例中，来访者的所得一定会大于所失，否则来访者不会那样做。咨询师对得失的考量是结合来访者经验的有效性和无效性的语境进行的。我们创造我们自己和我们的世界，在目前的情况下，这对我们是最有意义的。有效来源于对事件的正确预测，无效则来源于我们的预测被证明是错误的。问题是"通过表现得和他一样而被来访者认为有效的是什么？"例如，纵火犯点火以净化世界。他所收到的何种无效反馈导致他不得不变得有敌意，以及迫使他的预测起作用，从而防止一

3 理解问题和可能性的架构

切事情失控？那个男人视他自己为一位正直、正义的人，而在这方面可能已经失效——也许世界眼中的他与他看到的自己并不是一样的。所以，他不得不向他自己证明，他真的能影响事件，并能够为世界的改进有所贡献。他不得不让它起作用，否则的话就不得不重构他自己为一个不正直、不正义的人，这个具有威胁性的图景将极大地颠覆他的整个构念系统。

有没有方式可以让特里克斯贝尔的行为（见第2章）被看作弥补她没有得到的爱？似乎很有必要让她继续做一个全心全意爱他人，而一直得不到爱的回报的人。来访者的恐惧症，通过把她困在家中，能否阻止她做不受欢迎的事情？恐惧症患者可能不知道她有那种感觉，如果她不是因为她的恐惧症的限制而能够自由活动的话，她可能会去滥交。口吃的人能够得到什么有效性？他至少能够成功地预测人们对他的反应。

我们在此讨论的是，从个人构念心理学的视角，没有一个人可以改变，如果改变会导致我们成为一个我们不能理解（不能构念）的人，或是能理解但比我们目前的情况做得要差——忍受监狱中的刑期；因为我们自己压倒性的爱而被不断拒绝；宁愿口吃而不愿进入一个流利的说话人的未知的世界；或者是足不出户。这一理论立场在弗兰赛拉有关口吃的书中阐述得清清楚楚。

寻找运动和限制的领域

我们已经描述了我们利用一组职业构念努力从来访者的角度来理解来访者，以咨询师的立场来理解来访者的构念。第一层次的理解让我们与来访者进行沟通，第二个层次的理解让我们针对来访者问题的性质设定一个初步的假设。现在我们需要制订一个进展计划着手改变，而这是来访者无法独自完成的。

极少有临床医生会认为，无论他们的理论说服力如何，焦虑在任何咨询应用中都不会扮演重要的角色。在个人构念理论中，当我们推进我们的个人边界时（攻击性），焦虑的确不可避免地会伴随着变化的事物出现。由于我们的进攻，出现在我们面前的是我们之前从没有体验过的事件（焦虑）。通过攻击性，我们拓展了我们的感知域（扩张）。一个来访者始终存在的一个问题就是他可能会限制自己的感知域，以便使世界成为一个更易于自己管理的地方。

因此在咨询的计划阶段，我们需要寻找焦虑、侵略和收缩的现存领域。在什么样的情况下，来访者不能够充分构念他或她当前所面对的事件？科林今年 13 岁了，他还只能由他的妈妈带着去任何地方，因为他不会单独出门。小孩的情况往往就是如此，焦虑的领域是显而易见的。全靠他自己识别周围道路，这让他感到非常恐惧。问题之一原来是，如果你迷路了，你可能不得不询问陌生人。有一个家庭构念说道，"我们不会那样做"。科林的世界是非常有限的一个世界。这个世界基本上是由他的父亲、母亲以及他的泰迪熊构成的。

通过约束到这个程度，科林已经能够限制他所构念的世界与他一直面对的世界之间的一些（未知的）不兼容，但是在那个被限制的世界里，存在一些关于科林拓展其边界的例子。在学习使用微型计算机时，他显露出了他的攻击性。他喜欢学习新东西并掌握它。他觉得在这里他很能干，正做一些无论他父亲或是他母亲都做不到的事情。否则，可以公平地说，几乎所有的事情他们能做的他都不能做。

解决科林分开世界外面与世界里面的人们的方法之一就是在技能掌握领域里使用这种攻击性。他认为学习烹饪并将它当作一门技巧是一个好主意。他第一次与他的母亲一起工作，来掌握一些东西，他母亲之前曾是这方面的唯一专家。

来访者在不同领域使用的构念的样类

在这里我们将试图看与语境相关的主题。例如，当谈到作为职业女性和母亲的角色时，来访者表现出罪恶感了吗？她表现出与大男子主义相关的刻板（群集）构念或是先取权（男人除了……什么也不是）了吗？当谈到她到目前为止都未能找到一位帮助她解决问题的人和当考虑到未来而放松构念时，她表现出了敌意吗？

我们在此寻求对来访者构念系统的"感受"而不是试图得到一个

全球蓝图。我们寻求关于什么地方来访者会有运动空间和什么地方来访者会抵制任何变化及为什么的思想和想法。

正如一个人知道他的构念有不同的层次，沟通同样也有不同的层次。凯利问了下面的问题：

来访者信赖我吗？

他会用词汇表达自己吗？

在什么样的抽象层次上他可以建立沟通？

他能把他的主要构念像谈论它们一样在咨询室里面用行动表现出来吗？

他会试图验证与咨询师的回应相反的预测吗？

如果这些问题的答案是否定的，那么治疗师（咨询师）可能会有一条坎坷的路要走。（Kelly，1955：803；1991：Vol. Ⅱ，173）

了解来访者必须对其所处的背景作出改变

认为任何人在任何情景下都能够适应是愚蠢的，尤其是当一个人打算要帮助另一个人在生活方面作相当彻底的调整时更是如此。在对来访者形成一个粗略了解的早期阶段，对来访者活动和生活所处的社会背景也必须有一个粗略的了解。

如果一个来访者在结婚前已经存在她的问题的话，她要得到她丈夫的支持和认可（来解决问题）可能比较困难。他娶她，因为她——过度肥胖，或是口吃，或是恐惧症来访者，或是……也许他把肥胖的女人构念为幸福的、逗人喜爱的和好妈妈，而那些细瘦的女人则是更倾向于冷漠的和好辩的。他可能不会支持他妻子的瘦身项目。他看起来可能会非常支持和关心，但每隔一周左右，对她所有辛苦努力的奖励就是给她巧克力。

总　结

我们已经全面介绍了个人构念心理咨询中使用的最重要的职业构念以及一些你们需要理解的问题。第一次试探性的转变诊断就是用这些术语来确定的。我们需要尽快补充的是，诊断通常仅仅包括这些职业构念中的一种或者两种。其他职业构念已经被过滤掉了，因为这个时候其他职业构念与来访者的困境并不相关。当然，你也可能错了。只有当测试出来的时候你才会知道这些。如果你与来访者只局限于几次少量的会面，你不得不缩短诊断时间，并且需要更大胆地搏一搏——你是在正确的道路上，但是，咨询师必须在他或她采取冒险鲁莽的行动而干涉别人的生活之前，作出一些个人构念问题的陈述。

到目前为止，我们仅仅给出了咨询师采用的理论视角。现在我们继续描述一些方法，这些方法可以用来获得关于另一个人的构念的理解。

探索来访者的
世界

4

探索个人分析的一些方法

因为在个人构念框架内，所有形成和使用的程序旨在探索来访者诠释世界的方式，所以这些程序是技巧和方法而非测试。这尤其应用于后文所描述的个人构念积储格，但也还是和其他方法有一定关联的。这些方法都可以为咨询师所用，但并不是非用不可的，没有一个人是必须使用自我个性描述、金字塔式和个人构念积储格的。

然而，只有当个人构念咨询师清楚地了解了来访者靠外界都解决不了的问题之后，他才能开始咨询。这种了解来自他对来访者构念世界的描述和认识。

使用这种方法的原因有三：首先关于来访者构念世界的系统描述：他们可以提供比通常情况下的提问获得的更精确的答案；其次，他们直接作用于个人构念框架，并显示出了可能的新途径或可替换的构念供来访者去探索；最后，是它的聚焦性质，他们加速了建立来访者问题可传递性诊断的整个进程。

凯利非常重视前期阶段，强调它们是用来计划咨询项目的。他不支持试探法和误差法。正如我们在上一章所强调的那样，他认为对于咨询师来说，精确地了解这些技巧和方法是极其重要的，否则你怎么能测试出结果？当你着手于和你的来访者探讨你们的咨询项目时，你应该能够说得出你所想要测试的假设是什么。否则你怎么能知道你和你的来访者是否正沿着正确的方向在行进？当然，这个计划会变，而且总是改变得很彻底，但是咨询师必须有一个计划。当来访者想要去分析行动的结果时，经验不足的咨询师往往会在不清楚后果的前提下，非常轻而易举地想要跳入一个行动项目。因为咨询师是一个个人化的科学家，如果他都不清楚实验的实质内容，又如何能测出他要求来访者所做实验的效果呢？

自我性格描述

这是凯利两种评估形式之一，旨在满足"如果你不知道当事人的问题出在哪里，就要问他们，他们也许能告诉你"。按照凯利建议的句式，彼得获得了如下指令：

> 我想让你写一个有关彼得的人物速写，就像他是一个话剧中的主角一样，并以一个亲密并同情他的友人的口吻来写，可能要比一个真正认识他的人还要了解他，一定要以第三人称写。例如，以这样的开始，"彼得是……"

下面是彼得的自我介绍：

虽然我可能被视作彼得最好的朋友，但我感觉好像我很不了解他！这听起来可能很奇怪，因为我已经认识他很长时间了。无论走到哪里，他似乎看起来都像是个局外人，每个人都会跟他打招呼，但他跟别人的交流也就至此，他不会为了跟别人寒暄闲谈找任何话题。他也不喜欢一直和相同的人在一起，并且也不喜欢把自己定位在某一特定的人群范围内。

我认为彼得是一个"孤独者"的原因或原因之一是他的大学教育。我猜他是一个相对典型的学生，留着短发，因为他学餐饮业是不许留长头发的，而且也因此没有太多的钱。

我认为彼得在这个世界上没有敌人，我也从没听说过他与任何人发生过争执或有一段时间不和某个人说话。他特别好相处，而且如果有必要的话他能和各式各样的人打成一片。有时他看来非常无精打采，尽管他确实喜欢生活中简单的事情，并非常乐意让事情都顺其自然地发生。

虽然分析这样的自我性格描述仅限于几种特定的方式，但是它们的价值在于指明重要的个人主题并给出一种感受：这个人是如何看待自己和自己的生活的。

在彼得的描述中省略了非常有趣的一点。彼得前来寻求帮助想要克服他的口吃。虽然对于他成为孤独者与他的语言息息相关的假设是非常合理的,但十分不寻常的是这一点丝毫未被提及。然而,凯利认为第一句话若被视作对现在的自己的核心看法的陈述,会非常有用处。由此我们可以立即知道,彼得有身份识别的问题。"尽管我可能被视作他最好的朋友,但我感觉我好像不了解他。"同样,在这个自我性格描述中,彼得在最后一句话给出了担忧的原因,他想改变自己:"有时他看起来非常的无精打采,尽管在生活中他确实喜欢简单的事情并非常乐意让事情都顺其自然地发生。"实际上,彼得在三次咨询后就停止他的预约。

有一个关于自我性格描述的假设,来访者会谈及那些结构饱满、充满意义的事情,而且他也会慎重地触及那些他不太确定的方面。

当事人对话题的选择也暗示了他如何看待他有别于其他人的方面。如果他认为自己在长相方面十分普通,那很有可能就不会提关于相貌的内容。当然,除非他特别担心长相普通这回事,生怕有可能在什么地方暴露。自我性格描述可以给咨询师提供非常宝贵的数据,而且,对于当事人,当他们说自己情况的时候,当下可能有问题,可后来就不成问题了。

以下是作为一个口吃患者的阿米尔自我描述的片段节选。

> 出生于亚洲一个名门望族的阿米尔在出生后头三年一直重病。后来他的祖母给他吃了家里自制的药,非常管用,但是此后口吃就开始了……起初,阿米尔总是在说话的时候用脚踏地板。所以在班上他总是很害

羞，也因为他的害羞，成绩就变得差了起来。然而他在游戏方面变得非常擅长……一天，一个男孩嘲笑他，他就把那个男孩揍了一顿，接下来一切就变得好起来了。十岁的时候，他还打过一次架。后来就没有人敢嘲笑他了。他们十分钦佩他，他也成为学校里最厉害的孩子。他从不干涉其他人的事情，有时也喜欢独处……上了大学后，他的情况有所好转。他开始看这种书籍，在一本偶然看到的《读者文摘》上，他学到如果手里握着一支小铅笔，按住它就能说话了。因此他就试了，并且一度是可行的，但后来他就不每天这么做了，可能也是忘了。他后来还尝试了顺势疗法，接着又开始吃一些治疗神经的药。因此，也是有一点效果的，但我认为这让他同时神经有一点脆弱……现在的状况好转了不少，他能够和别人说话了，并且他希望不久会变得更好。

有一点值得注意的是，在这里没有关于阿米尔个人性格描述改变的解释。他认为口吃在主导他的生活，并且认为口吃是在他幼时得病时祖母给的草药所致。他尝试过各种治疗，主要是药物治疗。

如果第一句话是一个人对现在的说明，那么就表明他没有纠结在他过去的生活中。如果最后一句是暗示一个人对自己将来的预示的话，那么这句"他希望以后会更好"是几乎没有任何决心的暗示。

阿米尔当作自己是一个口吃人的自我描述有五页半之多，然而把自己看成一个"流利的"说话者的描述有五行。里面说道："在工作和与人见面方面会表现得更好。他将会是一个更好的男人。若他是正常的，这便是他会长成的样子。"除了它的完全的理想主义性质，它并不是生活的一剂良方。同样值得注意的是他改变了他的焦点，从"阿米尔作为一个流利的说话者"到"阿米尔作为一个正常的人"。为了对现状作出改变，他必须在帮助下建立一个详尽的未来自我图景。因此，对他来说，不仅必须有个桥梁，而且得有一个新家，作为正常的人跟那座桥联系在一起。我们再也无法知道他是否能够做出这样巨大的改变了，因为他回亚洲打理他父亲的生意去了。

巴利今年 23 岁，也抱怨自己有说话方面的问题，但是，他并不口吃。他通过牙医科、言语治疗师、催眠治疗师找到这里，此前，已经有两家大型治疗机构拒绝帮助他了。他有轻微脑功能的过往病史，并且智商低于平均水平。我对于是否能帮助他非常没有自信，因为别人都失败了，但是巴利看起来非常渴望向人倾诉。

除了发现他有些说话的小问题外，我问他是否可以为我写一个性格描述。他愿意一试，但最终并没有完成，因为他几乎不能读和写，这也正是他想寻求帮助的地方。为了查个明白，我让他写一段关于自己感兴趣的东西的小短文。他写道："仅天萨姆完了求。他又士了高。然后作迷仓。他显作。跑时帅了、下巴泼了。但他很开心。（To day Sam Plade Bool. Fhrs he was the Picea. Then he Plade Kecher. At furst he Got to Bat. When he run he fel and Got a small Kut on his Chin. But he had a lot of fun.）"

因此，替代通过文字的方式来聆听他，我请他拿录音机录下他的自我介绍。他选择给我详细地描述在一个大公司里当包装工的工作。里面没有任何新奇的描述，但是却能很清楚地显示出当他描述他感兴趣的事情时，说话是不怎么费劲的，而且我猜，当有人不怕麻烦地去倾听他时，他们也是可以很好地交流的。

自我描述不一定要写在纸上，这是基于这样的理论："如果你想知道某个人的问题就问他们，他们也许能告诉你。"这个基本理论是非常有价值的。孩子们总是以第三人称谈论他们自己。这个也不是在咨询开始时必须要进行的事情。正如丽莎在第 6 章的解释，它可以当作一个再一次解析的基础，也可以帮助当事人了解在咨询阶段他或她进展到了哪里。当他开始咨询的时候，可以写一个对自我的描述，来监控在来访者观念里发生的变化。事实上，这种自我描述可以形成整个咨询安排的基础。（例如，见 Fransella, 1981）

例如，尼克在他咨询的开头这样写道：

> 在他公众自我的外表下，其实是一个害羞、无常，情感上没有安全感的人，他对生活既悲观又怀疑。在表

面上，他很吸引人，尤其是女性——他们喜欢他那种荒唐而轻浮的感觉。在人们的印象中，尼克已经培养了一些这样的技能，因为多年来，他发现这种感觉是保护一个真正脆弱和敏感的内心的最好武器。

在十次签约面谈的最后他写道：

> 尼克现在能忍受独自一人了。这可能是现在对他来说最重要的。几周前，即使是一晚上他都不能自己面对，而现在他能毫不担心地独自度过一星期或几天。这尤其反映了一个人强大的自我意识胜过任何其他的东西，即安全感不需要求助于为了陪伴而去陪伴……

来访者人生角色的建构

来访者生活角色的建构可以基于自我性格描述，但这不是必要的，它要比自我性格描述更深入。基本上是它影响我们认识来访者是如何构念他的传记的。尽管没有人需要成为他传记的受害者，但是我们可能因为不同的传记构念方式而成为受害者。什么是来访者认为在他过往经历中最重要的事件？这些事情对他来说意味着什么？正如你现在了解到的，并不是事件本身促使当事人成为现在的样子，而是他如何诠释他曾经的经历。是什么样的思路把他的经历聚集在一起？将来发生的事情又会对现状造成什么样的影响？最基本的问题变成了："我的当事人如何去构念他的人生角色？"

可以在这里介绍一下个人构念积储格。因为，就个人构念而言，角色就是比照我们对他人的诠释而展开的一种活动进程。所以，想要了解来访者如何构念自己的生命角色就要先了解他是如何构念别人的。正如你将看到的，个人构念积储格很适合我们这样的目的。

个人构念积储格

这种方法凯利原先是设计用来将数字应用于构念之间的关系的，也是用来更加精确地探索来访者在那些构念中的"全部技能"。并非必须使用数学和统计程序才能从网络中提取有用的信息。我们可以从引导程序和组成完整网络的原始数据中获得大部分的益处。

了解另外一个人的构念最著名的方法是倾听和观察他们。在第一次和来访者见面时，这通常是咨询师需要做的全部内容。然而有时候，进行得更快和更系统也是有必要或者可取的。

引发元素 为了创建个人构念积储格，你必须放一些东西进去，用行话讲就是你必须通过那些构念去解释一些构念和元素。元素的选择若不亚于启发构念，至少要和启发构念一样重要。元素必须是在构念益性的范围内的。如果那些构念是和个人有关的话，那么让你的来访者应用他的构念到不同类型的测试上是没用的。

　　　　　　　　4　探索来访者的世界

让我们假设你对你的来访者是用何种方式构念他的同事这件事非常感兴趣。首先你要让他说出他们的名字，通常 8~10 个就够了。这些可能包括各种维度，例如，一些老板、一些下属，男人、女人，抑或老人、年轻人，他们喜欢的或者是不喜欢的人。正如一些简单算术显示，如果你有其中的两项，那么元素数为 16。这个从一般来讲就太多了，这并非不必要，但是来访者在完成后面的个人构念积储格时会花更长的时间。如何作出选择是要根据启发的目的来制订的，元素组的哪一项对当下任务是最重要的？问题是，这并不可能对所有事情都适用，没有可靠而快速的制订个人构念积储格的规则。积储格是你在回答你自己的问题时能够使用的那些富有创造性的技巧。在实际操作中，有时候把每个人的名字分别写在小卡片上是很有用的。

对于那些非常有兴趣研究新方法的人，有一些可用的计算机程序，它通过三人组合的引发过程来"讨论"来访者。其他的人认为要洞悉来访者的世界可以通过观察他如何着手完成咨询师给他设定的任务来搜集推断出来。

引发构念的程序　　凯利描述了一些正规的引发人们构念的方法，后来的其他的一些方法都是由此方法演化而来的。这本书的目的不是让读者成为一个训练有素的个人构念收听者、咨询师或者个人构念积储格技师，所以他不会给你足够的步骤信息让你愉快地使用它们，但希望你能够充分地感知程序（步骤）的意义，以便能让你试行其中的一些程序。

使用三元素引发　　这是一个非常直接的程序：选三张来访者元素卡片，询问他是否有方法来说明其中两张的共同点，并以此区别于第三张。回答可能是这两张是令人难以忍受的。如果来访者没有自觉告诉你相反的是什么样子，就问他："一个难以忍受的人的对立的那种人是什么样的？"你可以以这样的方法组合三个不同的卡片，直到组合完毕，或来访者一直重复相同的答案，或者你认为你已经得到了一个合理的构念样本。可能每十次组合会得到一个构念，但最终是由你来选择的。

因为所有的构念都是在理论上被安排进一个系统的，所以它们之间有千丝万缕的联系，因而可以顺着这个网络去通向越来越抽象的构念——阶梯式，也可以通向越来越具体的构念——金字塔式。

阶梯式　　阶梯式是一门技巧或者"艺术形式"。它要求有一双敏锐的耳朵，能够倾听出一个人话语背后的意思，这会涉及轻信来访者的话和把其他人的构念归入其中。经常你会让来访者考虑一下他对这个世界理解方法的几方面，而这几方面可能是他先前从未想过的。当他说他觉得采用这样的方式来解释很不舒服时，这时你应该警觉。阶梯式的启发既有警觉性和威胁性，又让人觉得有趣和兴奋。

阶梯式不外乎就是问一些"为什么"的问题，来访者首先要被问及他更愿意选择一个已知构念的哪一端。例如，罗格要在两端之间选到底是坚持原有的样子还是成为一个戴面具的人。在这样的情况下，如果选择了原有的样子，那么就问"为什么"，"为什么你宁愿是一个人原有的样子而不愿意戴面具？"这个问题可以用不同的方式来表述"你选择……的好处是……""为什么……对你来说是重要的？"其目的是要在来访者沿着阶梯建构行进时展开一个对话的形式而不是仅仅单调地重复"为什么"的问题。再次强调，不存在硬性和快速的方法，而是需要相当多的练习后获得的一种技能。

罗格说，他宁愿选择原有的样子，因为做真实的自己不会被别人抓住短处，而如果戴上面具伪装，你必须警惕你所说的话要前后保持一致。把来访者的话仔细记录下来是非常重要的，否则你很有可能会把你自己的意思强加给来访者所试图传达的意思上，因此速记是很有必要的。对 Roger 相当长的回答，我们可以速记成"不会被别人抓住短处"，作为"时刻警惕前后说话一致"的对照。那么接下来的问题就是："那么，为什么对你来说成为不被别人抓住短处的那类人是重要的呢？"他答道："因为你会因此而受到别人的控制。"因为还要留意构念的另一端，我们要继续提问："然而，如果你必须为你前后一致而保持警惕，你……"他回答："那么，你就被控制了。"接下来的问题是："那么，对你来说作为掌控者的那种人有什么好处？""你就会免除威胁，而如果你没有掌控你就会感觉到持续不断的紧张，这种感觉是相对糟糕的"。像其他人一样，他获得了这个构念相反的另一端的想法。

通常阶梯式会把你带到一个最为高级的构念中去。这些构念用于解决一些生活是什么、生与死、宗教构念、某个人离不开的一些东西的问题。你能够了解一个人的基本的价值体系，这样一来，说人们的上位构念是那些不容易改变的东西也就不足为奇了。

金字塔式　　这个程序是由兰德菲尔德在 1971 年首次描述的，提问是连续地从构念体系向下，到越来越具体或者次要的层次进行的。这种提问要求构念更加详细具体的细节。例如，"什么样的人是那种内向的人？"答案可能是"难以被了解"或"容易被了解"。接下来就要问"什么样的人比较难以了解？"同样的提问要获得构念相反的另一端的答案。用图来表现如下：

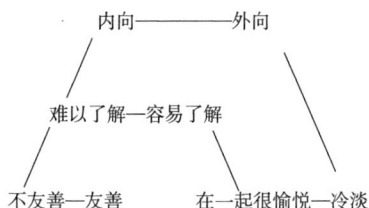

```
        内向————外向
       /              \
  难以了解—容易了解
   /              \
不友善—友善    在一起很愉悦—冷淡
```

为了得到更详细的行为，你可以问："你怎么知道什么时候一个人是冷淡的？他们做了什么时会让你觉得他们很冷淡？"可能的答案是："他们看你的眼神没有闪烁着光芒。"

当你想了解你的来访者具体的人际关系问题时，这样的程序是非常有用的。你可以照着行为治疗法中提到的"社会技能训练"来做。例如，当已经发现了冷淡对于来访者的含义时，你可以通过角色扮演的方式来帮助她了解各种冷淡的方式，她和其他人要应对一个冷淡的人，如果情况是别人认为来访者冷淡，那么同样的程序来确定在她的行为里，别人怎样把她构念为冷淡。

ABC 模式

1965 年，金克尔拓展了凯利的理论，通过论述构念的意义，即该构念说明了什么和通过它又暗含了什么。也就是说，知道一个人通过冷淡暗含了什么才能知道冷淡对于一个人意味着什么。冷淡的主要意思是自高自大，而反过来不一定成立，因为自高自大是一种既不热心又不冷淡的不关心的态度。因此，构念的含义也不一定是相互的，正如我们将在蕴涵格中提到的。

楚迪（1977）把金克尔的"蕴涵困境" 精心设计成他称之为的" ABC 模式"。1984 年他出版了和西格利德 · 桑伯格一起实施的治疗分析（Bannister 和 Fransella，1986）。这位来访者对旅行和电话有一种恐惧和厌恶，经历了一年的治疗，疗效非常显著，能够毫无恐惧地出去旅行和使用电话。然而，不尽如人意的是，来访者非常沮丧，他认为这样的治疗是毫无意义的，他不知道去哪儿旅行，也不知道给谁打电话。然后，他又花了时间进行心理治疗，来帮助他解决他和同伴之间建立关系的问题。此后，他可以毫无顾忌地去他想去的地方，拜访他新交的朋友，包括和不太相熟的人闲聊，或加入各种爱好团体。但是，他现在又指出这样对他也没有什么用处，因为他真正需要的是和一个女性建立一种深层次的、热烈的和强烈的异性关系。

楚迪的ABC模式是这样的。

A：问题：a1实际的状态：不能用电话或者旅行

　　　　a2渴望的状态：能用电话或者旅行

现在来访者被要求回答a1的坏处和a2的好处。

B：因此：b1　a1的坏处：妨碍了社交渠道

　　　　b2　a2的好处：开拓新的社交渠道

引发的下一个问题是，是什么妨碍了改变？来访者被要求回答当前状态的好处和渴望状态的坏处。

C：妨碍改变：c1　a1的好处：掩藏了友情的缺失

　　　　　　　　a2的坏处：暴露了友情的缺失

问题然后被重新定义为：

A：问题：a1　实际的状态：缺少朋友

　　　　a2　渴望的状态：拥有朋友

C：妨碍改变：b1　a1的好处：将掩藏真爱的缺失

　　　　　　　　a2的坏处：将暴露真爱的缺失

问题再一次被重新定义：

A：问题：a1　实际的问题：缺真爱

　　　　b2　渴望的状态：寻找真爱

ABC模型所引发的构念为咨询师和来访者提供着类似的洞见作用。不过，它需要在合适的时间得到谨慎的处理。在最初的几次会面中，就让一个口吃了一辈子的人讲口吃的好处和口齿流利的坏处，对来访者来说最好的情况也只能是产生毫无意义的影响，最坏还有可能极大地伤害他。如果你假定来访者不能接受还有好处的说法，那么就会有一定的问题，当前还不能用这种做法。

这就勾画出了个人构念咨询的基本原则——只有确信当来访者能够受益于分析的结论时，咨询师才会要求来访者去做一些实验，或者给她提供一些建议，不过，在恰当的时候，ABC 模型不仅是一种测量的方法，而且还在重构程序中具有一定的作用。对一些来访者来说，它可能会在最初测量访谈中得到有效的运用。玛丽就是这样的来访者。她有些超重——不是非常严重，但是足以让她感到不开心。她减肥并不困难，但是她的体重总是会反弹回来。她的ABC是这样的：

渴望的状态	当前的状态
苗条	肥胖
好处	**坏处**
看起来迷人	看起来没有吸引力
坏处	**好处**
可能被强奸	不太可能被强奸

一旦事情的序列被识别出来，下一步就清楚了。她真的是这个意思吗？所有迷人的姑娘都会被强奸吗？如果不是，她们是如何避免的？如此等等。只有当一个两难困境被语言表述出来时，才有可能进一步探讨，但是，有必要再提醒一句。金字塔法、楼梯法和 ABC 模型（尤其是后两种）是需要后天习得的技巧，而且本身内部存在危险。如果有些东西使用得当，则威力无穷，同样，使

用不当也会带来相当大的负面影响。这些程序与生俱来的潜在风险在于引导人们去理解他们自己的构念。一个人也许满足于将他们自己看成一个随遇而安的人，但是，当他们分析其系统时，比如通过楼梯法，他们开始发现，随着路径的深入，在路的尽头处，观点也许是将随遇而安的人等同于在生活中逃避责任的人。对于这些人来说，具有生命使命感是非常重要的。也许你就这样不经意间径直走入一个特别重要又含蓄的两难境地，这个人第一次意识到其中隽永的意味。

在最初确定问题的过渡性诊断方面，这些引发构念的方法常常提供了关于他们自己足够的信息。但是，通常还采用创造个人构念积储格的形式来"超越语言之外"。

个人构念积储格

这是一种系统的方式，用来帮助来访者看看他或者她自己的构念。正如刚刚演示的那样，引发来访者构念的程序，对于探索构念之间的关系来说，不管是楼梯法、金字塔法还是运用ABC模式，都有助于来访者的重构之路。积储格是一种正式的方法，用来演示特殊构念和事物（元素）构念之间的数学关系。并不是每一个人都适合使用数字，也不存在某些元素要让个人构念心理咨询师应用在每一个来访者身上。尽管它们可能有很大的价值。

如果你将用一个积储格来引发你来访者的数据，那么如何让你的来访者作好准备就相当重要了。在乔治·凯利几盒治疗磁带的一

4 探索来访者的世界

个分析中，鲍勃·纳莫耶给我们列举了凯利是如何跟他的来访者卡尔提到这个事情的。凯利与卡尔之前已经见过5次面了：

> 也许今天是一个做一些更为正式的事情的好时机，不容易被卷入和唤起情绪。你记得我提到我们也许会做一些更为正式的练习，这样可以让我能够更好地理解你是如何看待事物的。我不想要你认为这里面有多大的威胁；如果你觉得有，那么请务必告诉我。（Neimeyer，1980：85）

有一种方法是，在你和你的来访者都能获益的情况下，在会谈的早期便使用积储格。如果你想这样做，可以说，实际上，你和你的来访者都会去完成一个相当正式的演练，这样会加快理解你的来访者是如何看待事物的。如果来访者写了自我性格描述，她很快就会了解其中的意图，但是，当面对正式的引发和逐步的阶梯时，来访者往往会以平常心对待。很少有来访者在此处存在问题，因为你清楚地处理了她所关心的事件的核心。

选择元素　　一旦决定一定形式的积储格是有用的，那么第一件事情便是决定要使用的元素类型。典型的做法是，元素组成主要使用凯利最初建议的角色名称。如"我仰慕的一个人""让我焦虑不安的一个人""影响我的一个人""我不喜欢的一个人"，或者其他名称，看起来要适合那个特定的来访者。但是，这绝不是定则。

如果说有定则的话，那就是人格。在一个积储格里元素的选择都取决于积储格设计的目的所在。如果你想调查一个人有关汽车的构念，那么元素就可能是各种各样的汽车；如果焦点集中在家庭上，那么元素便可能是组成家庭的人，以及也许是作为对照目的的其他家庭的成员。小孩的积储格可能会用玩偶来代表家庭成员或者小孩在学校认识的孩子们。如果自我认同是一个问题，自我的各个方面都可能作为元素——"现在的我""十年之内的我""我想成为的我"等。希拉，举例来说，将其自我的一部分描述为"维多利亚家庭教师"，而另一部分则是她的"不道德的自我"，这都要包含在元素当中。

有时设计两个表格是非常有用的——也许，作为自我性格描述，一个是有关"现在的我，有问题的我"；另一个是有关"没有问题的我"。两个表格也可以用来调查一个人的性取向，一个以女性为所有的元素，另一个以男性作为所有的元素。

有些元素也许从旁观者看起来不同寻常，但是它们可能对相关的人极为重要。正如你将在接下来的示例评定表格中看到的那样，理查德的积储格将 4 个玩具士兵纳为其元素，这隐藏在他 15 岁的世界里。由于他对战争游戏也感兴趣，所以威灵顿公爵和基奇纳勋爵也包含在内。

积储格一个早期的研究（Fransella & Adams，1966）探究了一个纵火累犯的构念，当时他因为抑郁而住院。我们感兴趣的是他对纵火的构念是什么，伴随着他所接受的精神治疗，构念可能会发生怎样的改变。在这段时间里，我们给了他8个不同的积储格。我们用了一些陌生人的照片作为元素，同时也用了一些他熟悉的人的照片作为元素。在这里我们注意到的重要的一点是，在所使用的元素中，无论是对陌生人还是他熟悉的人，他的构念模式都是相似的。理论上来说这是意料之中的事情，但将这些期望的有效性展示出来总是非常重要的。

元素还可能是情境。例如，如果你有兴趣研究一个人对某个情境的构念与其口吃严重性的关系，那么使用如下这些描述的元素就会非常有用："与一群陌生人讲话""与一个熟悉的人讲话"等（参见Fransella的"情境积储格"，1972）。

瑞拉和兰奇（Ryle & Lunghi，1970）描述了"二元积储格"的运用。其中的元素即关系，如"我与我父亲的关系""我的父亲与我的关系""我母亲与我兄弟的关系"以及"我兄弟与我母亲的关系"等。不管采用何种形式的积储格，有关元素的基本意旨是它们一定可以构念，这对来访者来说有意义，与正在进行的调查相关。

引发构念　　一旦选定了元素，你就能用本章前文所描述的方法去引发来访者的构念样本。重要的是要记住，你的来访者的构念样本就是你所拥有的全部了。有必要花点时间问问自己，你的来访者是如何应对这个程序的？对于他的构念来说，他的言语标签是否够用、范围是否够广？词汇的产生对他来说容易吗？

我们将举一小部分例子说明积储格是如何帮助个人构念从业者去理解来访者的构念的（个人构念积储格方法的细节和对不同形式的积储格的描述可以参见Fransella和Bannister，1977）。

所要描述的积储格的形式中，第一种是要求来访者评定每一个元素。从根本上来说这个程序并不难，但很显然的是来访者的反应存在各种各样的方式。因为这将伴随着咨询过程中数据收集的所有环节，所以研究来访者如何在程序中作出反应非常有意义。例如，是否使用了一种强迫方式来指派来访者编制元素构念标签，从而表明他有一定程度的情绪卷入？尽管你主要着手于评估工作，但是你应该记住，来访者此刻正面临着近距离考察自身构念系统的机会。你在执行程序的过程中应该注意寻找威胁和焦虑的部分。

评估积储格　在这种积储格中，每个构念都被当作一次度量，每个元素都要被量化评定。通常量表评分从 1 到 7，但是如果需要更为精细的区分的话，分级可以更多。对于儿童来说，也许一个只有三级评分的量表可能更为合适。

评定性积储格的标准操作程序如下：

1. 在一个单独的卡片上写下每个元素的名字，在卡片正面的上角写上元素的编号。

2. 将第一个元素呈现给来访者，并且让他用第一个构念来评定该元素。你将决定积储格中的构念极左端是 1 还是 7。这个是无所谓的，重要的是你得保持一致。在本积储格中，左极是 1，右极是 7。

3. 在下面的例子中，理查德首先被要求用聪明—愚蠢的构念评量其母亲。他被告知评分为1意味着他认为她是极端聪明的，而评分为7则意味着他认为她毫无疑问是不聪明的；2分或者6分意味着并不像1分或者7分那么聪明或者愚蠢；3分或5分意味着他认为她有些聪明或者愚蠢；4分意味着他认为她既不聪明也不愚蠢。实际中的指导语并不重要，主要是得让当事人知道什么是评定量表。第一次测量得分填在积储格的左上角。理查德在"聪明—愚蠢"构念中评量其母亲的等级是3。

	1	2	3	4	5	6	7
聪明			3				不聪明
担忧			3				无忧无虑

在第二个构念中，担忧对逍遥，现在用来作为评价母亲的维度。理查德又一次给了她3分的评分——稍微有点偏向担忧一极。照此做法直到其母亲被所有的构念评量完毕为止。该过程在矩阵中每一个元素上都要重复一遍，直到评量完成。理查德所完成的积储格呈现在图4.1中。

当然，你完全可以用一个构念一次性评量完所有的元素，然后再用第二个构念。目前这只是一个偏好的问题，没有研究表明这两种不同的程序获得的结果存在差异。

一旦你得到了积储格，就会有很多方法分析这个评量矩阵，但是，通常我们会发现有必要借助一个电脑程序，将构念群和元素群放在一起来进行主要方式分析。现在的计算机有好几种可用的程序。

图 4.1

构念 \ 元素	1	2	3	4	5	6	7	8	9	10	11	12	13	14	15	16	17	
1 聪明	3	1	1	3	1	2	1	2	2	1	3	4	2	2	1	1	1	愚蠢
2 担忧	3	3	2	7	1	4	2	3	3	3	5	7	7	3	2	2	7	逍遥
3 小气	6	6	2	6	3	7	3	7	7	6	1	7	4	1	5	7	7	大方
4 开朗	2	6	5	3	6	6	5	6	5	5	3	1	1	3	6	6	5	内向
5 传统	3	1	2	3	2	4	5	1	1	1	4	4	6	1	1	2		流行
6 愤世嫉俗	7	2	1	2	2	7	1	6	7	5	1	6	4	1	2	7	7	随遇而安
7 成功	3	1	1	3	2	2	1	2	2	1	5	7	1	3	1	1	1	平凡
8 沉着冷静	6	3	6	2	7	3	6	4	6	2	7	1	1	6	2	4	1	忧心忡忡
9 急躁	6	7	6	7	2	7	6	7	7	7	6	7	7	6	6	6	7	淡定
10 投机驱动	7	7	7	7	2	7	6	7	7	7	7	7	6	6	6	7		淡然

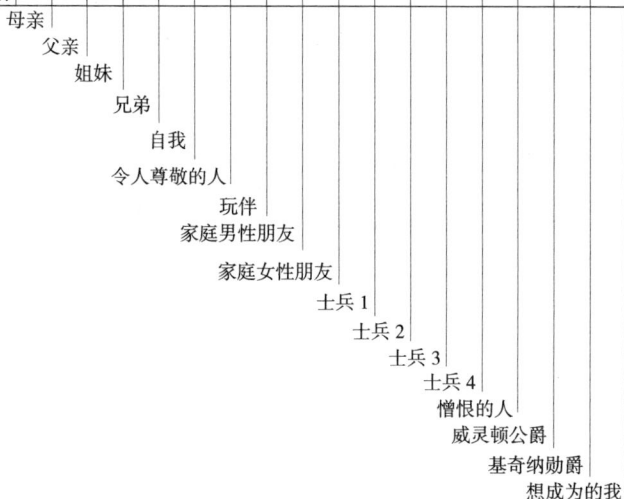

母亲
父亲
姐妹
兄弟
自我
令人尊敬的人
玩伴
家庭男性朋友
家庭女性朋友
士兵1
士兵2
士兵3
士兵4
憎恨的人
威灵顿公爵
基奇纳勋爵
想成为的我

不过，在转向最便捷的计算机之前，我们已经可以从评量矩阵本身看到一些东西了。例如，第一排的评量看起来就很耐人寻味，

4 探索来访者的世界

理查德没有将任何人评定为不聪明构念的一端——除了一个士兵既不聪明也不愚蠢外，所有人在一定程度上都是聪明的。这样首要的问题便是询问是否存在一个构念的淹没极（见第3章）。也就是说，也许理查德从来都没有想过一个人如果不聪明意味着什么。如果真是这样的话，那么理查德除了聪明之外别无选择。他将无路可走——我们不可能走到一个没有意义的地方去。有另外两种解释：一种是他在**不聪明**构念的一端中还是有一些意义，但是积储格中所使用的元素都在聪明构念的一端。如果情况是这样的话，那么任何可能趋向**不聪明**一端的行动都会具有压倒性的威胁或者焦虑。

在评定的第五列，我们可以看出理查德将自己看成是绝对忧心忡忡的而非**无忧无虑**的、是愤世嫉俗的而非随遇而安的，处处担忧就不可能**应对自如**，最后，是投机驱动。**值得注意的是，他是唯一被评价为投机驱动的人**。将他对自己现在的评量（元素5）与他对理想自我的评量（元素17）相对照，结果显示他并不想成为他现在的样子。我们现在开始试着勾勒一个存在某些问题的年轻人的图像。

许多人喜欢停在这个阶段，运用收集到的数据提出一个过渡性诊断，然后计划咨询程序的第一步。另外一些人则想从积储格中尽可能地挖掘信息，所以把它输进某些计算机的程序中。

用来分析理查德积储格的是一个叫作GAB的程序，它是由黑根伯汤姆和伯纳斯特设计的，或者叫"积储格初学者分析（grid analysis for beginners）"。基本上它是先分析每对构念评分之间的关系，然后分析每对元素评分之间的关系。它们分别显示了构念之间和元素之间是如何紧密相关的。这些紧密的关联可以是正性的，也可以是负性的。也就是说，对"聪明"一排（构念1）的评分和"成功"是非常近似的；实际上，评定的相关性为+0.89（最大相关、完全一致的系数是+1.00）。另一方面，"自我"元素一列（元素5）的评分与"士兵3"（元素12）是几乎相反的。在一列中评分靠近1，而在另一列中评分靠近7。结果其相关系数是﹣0.76。在相关性方面，完全相似和完全相反代表同样的关联性——只是一个是+1.00而另一个是﹣1.00。按照逻辑，在单个案例中，如果给定其中一个评分，你可以精确地预测另外一个的评分。大多数评分之间的关系不会那么完美，这都反映在其相关性中，但是当相关系数为零时，评分之间就不再具有预测性了。

构念之间和元素之间相关系数大于0.50的都显示在表4.1和表4.2中。那些相关系数所达到的数值足以让人相信其关系相近，而非随机水平。

这个表格有一个方面是一目了然的。元素5与积储格中的其他16个元素中存在一个显著的相关。元素5反映了理查德如何看待自己的。唯一他看起来跟自己有点近似性的是"士兵3"，即便这样，也是负相关。在积储格所使用的所有元素中，只有理查德了解他自己，因为他**不像**士兵3。不过，他确实更加知道他想成为的样子，正如其他大量成员与"想成为的我"（元素17）之间的显著相关所揭示的那样。

我们现在考察一下构念之间的关系，看看是否能够得到一些其他的数据，可以帮助我们理解理查德自己发现的困境。

在表4.2中，构念关系矩阵首要的明显特征是，理查德认为许多聪明的人充满担忧，那些忧心忡忡的人都非常冲动，被投机所驱动。如果我们看到这些二元对立我们就会立即明白理查德将自己带入的困境。逍遥自在的人（他所想成为的）不够聪明、开朗外向、淡定、不为投机所驱动。一个直接明了的困境是，他无法在将自己视为聪明的同时，又逍遥自在、无忧无虑、淡定而不为投机所驱动，但是，他的理想情况是将这些完全分开。一种假设可以是他**得**为自己担忧，否则他就不能将自己视为聪明的人了。制造忧虑的一种方式是通过痴迷于机会之中。

积储格是一种间或可以"挖掘到语言背后"的工具，或者就像假设生成器一样。然后，这些假设适合与来访者一起进行核验。

一个两极蕴意的积储格　这是一个最早由金克尔于1965年描述的积储格的修订版（Fransella，1972）。金克尔认为，任何构念的含义都需要被查找一番以寻求它所蕴含的意义。所以，他的蕴意积储格不用构念去分析元素，而是用蕴意积储格与构念进行对比分析。弗兰塞拉发现他的方法在一般的实践操作中过于烦琐，而且她对构念的相对极产生了极大的兴趣。因此，为了研究构念两极的蕴意，并且让非在校学生操作起来更为简单，她重新设计了它。两极版本分别考察单个构念极之间的意义的联系。标准的程序如下：

表 4.1 理查德方格中元素之间显著的相关性

元素		母亲 1	父亲 2	姐妹 3	兄弟 4	自我 5	令人尊敬的人 6	玩伴 7	家庭男性朋友 8	家庭女性朋友 9	士兵1 10	士兵2 11	士兵3 12	士兵4 13	憎恨的人 14	威灵顿公爵 15	基奇纳勋爵 16	想成为的我 17
母亲	1	X							0.64	0.83							0.69	
父亲	2		X	0.73	0.67		0.77	0.65	0.85	0.75	0.90	0.66				0.98	0.76	0.69
姐妹	3		0.73	X				0.91							0.72	0.69		
兄弟	4		0.67		X								0.66	0.84				0.69
自我	5					X							-0.79					
令人尊敬的人	6		0.77				X		0.88	0.80	0.94					0.79	0.90	0.88
玩伴	7		0.65	0.91				X							0.83			
家庭男性朋友	8	0.64	0.85				0.88		X	0.94	0.94					0.85	0.97	0.77
家庭女性朋友	9	0.83	0.75				0.80		0.94	X	0.86					0.72	0.95	0.67
士兵 1	10		0.90				0.94		0.94	0.86	X					0.90	0.90	0.87
士兵 2	11		0.66									X			0.85			
士兵 3	12				0.66	-0.79							X	0.68				
士兵 4	13				0.84								0.68	X				0.75
憎恨的人	14			0.72				0.83				0.85			X			
威灵顿公爵	15		0.98	0.69			0.79		0.85	0.72	0.90					X	0.77	0.67
基奇纳勋爵	16	0.69	0.76				0.90		0.97	0.95	0.90					0.77	X	0.73
想成为的我	17		0.69		0.69		0.88		0.77	0.67	0.87			0.75		0.67	0.73	X

4 探索来访者的世界

表 4.2　理查德积储格中构念之间显著的相关性

		1	2	3	4	5	6	7	8	9	10	
						构　念						
聪明	1	X	0.59		–0.76			0.89			0.51	愚蠢
担忧	2	0.59	X		–0.65				–0.64	0.53		逍遥
小气	3			X		0.52	0.82		–0.59			大方
开朗	4	–0.76	–0.65		X	–0.60		–0.63				内向
传统	5			0.52	–0.60	X						流行
愤世嫉俗	6			0.82			X					随遇而安
成功	7	0.89			–0.63			X				平凡
沉着冷静	8		–0.64	–0.59					X	–0.57		忧心忡忡
急躁	9		0.53						–0.57	X	0.92	淡定
投机驱动	10		0.51							0.92	X	淡然

1. 每一个构念重新被写在一个独立的小卡片或者纸片上，一极被标示为"a"，另一极被标示为"b"。

2. 重复该程序，最后你会有两套卡片集。

3. 将其中的一套卡片集分半剪开，这样每张纸片上就只有构念的一极。

4. 将没有剪开的卡片展开在来访者面前的桌子上。

5. 从分半卡片中选择一个构念极。

6. 指导语如下："如果你对某人所了解的是他是 X，那么在你面前所有的卡片中，你还能预期在他身上能发现其他的什么吗？"
必须要让人了解，你只对他们**预料**某人有哪些特质感兴趣。例
如，如果某人很令人厌倦，预料他会有哪些特质。不要对可有可
无的**自大**感兴趣，只需记下一个**令人厌倦**的人在可能被推测是自
大的。

7. 我们可以假定那个构念极是 2b，然后只要人们料想一个人会
具有那些特征，那么在被储格中标记 2b 的一行里就要填满星号。
在下面的例子中，来访者说他将预料一个漫不经心的人会是 1b、
3a、5b 以及 7a。那些 X 只是表示对角线。

		1a	1b	2a	2b	3a	3b	4a	4b	5a	5b	6a	6b	7a
	1a	X												
	1b		X											
	2a			X										
逍遥	2b		*		X	*					*			*

8. 由于人们不能在同一个人的某一个构念上同时"料想"出对立
的特征，因此积储格的这个统计分析要求，人们不能说逍遥的人
可以被**料想**成既是 3a 又是 3b。这是该积储格分析的限制性要求。
分析在很大程度上提供了在任何匹配或不匹配的任意一对线的条
目里的信息。

尼克是一个教师，在相当长的一段时间内，他对周围的人隐藏了
他的感受。他的自我性格描述显示他感受到了抑郁。在他的十次

4 探索来访者的世界

会谈里的第三次会谈中，他用第二次会谈引发的构念完成了两极蕴意积储格分析。

尼克积储格分析的第一点是统计分析本身对他帮助巨大。我（Fay）向他展示了电脑的输出——好几页——并且指出他的许多构念之间高度相关。在他的构念中有大量的结构。他待了一会儿，然后说看到这些让他感到极大的宽慰，因为他私底下担心自己快要疯了。

积储格结果的第二点价值是昭示了他的身份认同在于他如何去想别人对他的看法。也就是说，在积储格的19个构念中，唯一与"像我的性格"相关的构念是"像别人一样看待我"，但是从他的自我性格描述分析中，我们知道人们对他有一种错误的印象："在他公众自我的背后，他是一个害羞的、不确定的和情绪不安定的人"。在自我构念对立一极的（"不像我的性格"）里面，19个构念中有15个与之相关。他很清楚他不是什么样的，但是不清楚他是什么样的。他的积储格说明，没有一个明确的自我概念的人害怕孤单、不能独立并且无法担当。他的困境是很明显的——他在自欺欺人。

阿米尔也完成了一个蕴意积储格，它也显示出了结构。实际上，高度的结构化中所有的构念都彼此相关。从咨询结果的视角来看，弄清楚群集中心是什么才是重中之重。

正如我们在图4.2中所看到的那样，中心的构念极是**口吃者**。似乎他的所有世界都是围绕着他自己的特征旋转的。但是，更为重要的是，作为一个口吃者是"好"的。口吃的人就如他想成为的那样，聪明、乐于分享见解、不易伤害他人、直率坦诚等。每个人都想要让他变得**不口吃**。但是，对他来说变成那样的话，自己将会成为一个陌生人——他了解其唯一的事情是他不再感到**尴尬**或者**孤单**。三次会谈之后，他便退出治疗了。

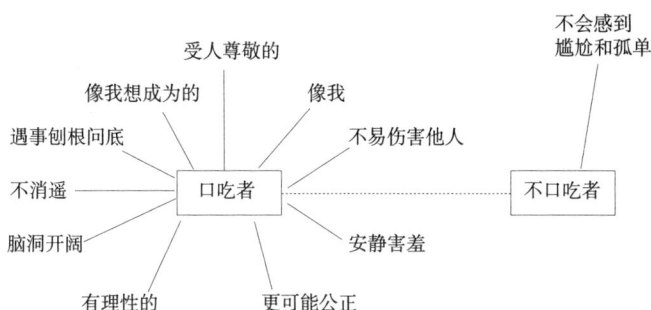

图 4.2　阿米尔蕴意积储格的聚类

积储格改变的阻抗　　当一个人的构念之间彼此进行对比的时候，蕴意积储格有时候可以用作阻抗改变的积储格。金克尔也设计了这个积储格，并且用来检验他的观点，他认为阶上的构念是更为上位（重要）的。此外，他指出上位构念是最富含蕴意的。因为它们最富含蕴意，所以它们也最难改变。

对阻抗改变的积储格的提问遵循如下路线："你说你更倾向是**温柔**的而非**攻击性强**的人，更倾向**聪明**而非**愚蠢**；明天早上你一觉醒来，你发现你要么从一个**温柔**的人变成了一个**攻击性强**

的人，要么从一个聪明的人变成了**愚蠢的**人。你觉得什么改变起来更容易？"当两个上位构念以那种方式相对比的时候，就会有一个内部的反应。两者看似全然不可能。当你要求人们直面他们的核心构念可能改变的时候，所带来的威胁是很大的。没有人能轻松面对。

最容易的记分方法是拿一张纸出来，像本页背面的 8 个构念那样安排，然后在每对构念中圈出人们所说的他们觉得容易改变的那个。

1—2　　2—3　　3—4　　4—5　　5—6　　6—7　　7—8

1—3　　2—4　　3—5　　4—6　　5—7　　6—8

1—4　　2—5　　3—6　　4—7　　5—8

1—5　　2—6　　3—7　　4—8

1—6　　2—7　　3—8

1—7　　2—8

1—8

大部分而言，积储格在内容上是言语非常多的。但是，也有一些其他的，以较少言语的方式来探索来访者的构念。

作为咨询程序部分的辅助手段　　在已经提及的几个例子中，个人构念心理咨询采纳了几种辅助手段，旨在帮助咨询师理解来访者以及帮助来访者了解自己。

通常情况下，咨询师需要限制面谈的次数，尤其是在商业咨询和职业咨询的环境下。玛丽是一家大型机构的财务经理。她有一种感觉，那便是同事们对她做人的评价并不高，有一天她和一位女上级大吵了一架。她被派去参加一个管理方面的课程。不过，玛丽决定进一步探询她自己，以求能够找到解释她的情绪发作、她的偏头痛以及她对其个人生活多方面的不满意的理由。在听取了玛丽有关自己的论述之后，咨询师和她一起约定进行五次会谈。

首先她完成了自我性格描述。这使得玛丽认识到一种平衡的感觉对她来说多么重要，对人的兴趣和对体育运动的热爱，二者使她可能变成一个游艇专家。

在第三次会谈中，玛丽完成了一个积储格量表。这清楚地显示出她与她的上司本就可以争论，"其他人"也希望她能够将她的工作视为"人"的工作。这就是她感觉强烈的地方，但是她认为这不切实际，因为工作就是这样定义的。两难困境被揭示开了。再次用阶梯法和 ABC 调查后，玛丽能够更加清晰地说出自己可能的转变是什么。在最后一次会谈中，玛丽感到她已经洞悉了自己的问题，能够继续前行了。

构念的非语言探索

迄今为止所讨论的程序中，绝大部分咨询师和来访者之间的互动都依赖于言语。事实上，它们一看就是高度结构化的谈话。不过，不是所有的来访者都能够很好地用语词表达他们的想法和感受，以其他方式去接近他们对事物的构念也许对他们会有所帮助。

绘画 一个年轻人被要求写一个关于自我特性的描述。他发现这几乎是不可能的，因为当时他对自己是谁正感到非常迷惑。所以，他转而用一幅画生动地展示出他的心脏和大脑的冲突，通过环绕两个区域的火焰和旋流其下的浓黑之物，表达出他混乱的感受。画了那幅画后，他讲述起来就更自如了。艺术治疗师们对于该过程会更为熟悉（正如第2章中提到的）。

图 4.3　局促不安

除了鼓励这样的自发性绘画，有时候建议一个人画一个情境也是非常有用的——并画一个对照物。下面给出了一个例子，一个来访者首先画了一个让她感到局促不安的情境。图 4.3 显示她与他人坐在一个桌子旁，我们可以看到代表她自己的人几乎正要怒而离去。对此她进一步解释道，这代表了她对于在她工作的地方开员工大会时她的感受。她痛恨会议太拘泥于形式，人们看起来彼此之间相互指责，总是将她牵涉进来，而她只想赶紧逃跑。甚至在如此简单的一次绘画中（不需要任何艺术技巧），她的沮丧和恐慌都暴露无遗。图 4.4 展示了她在家里与另外一个人的情境。安详地听着音乐，一只猫趴在她的膝盖上。

图 4.4　宁静时光

这些画很好地总括了她的困难。作为一名老师，她很享受她的各方面工作，但是很讨厌它的政治性，也不喜欢暴露在任何一个团体情境里。她与另一个同伴在一起时非常开心，在家里比在公众场合更为“自在”。为了让工作的事情更好受一些，我们有许多工作要做，不过先用第一幅图画作为基础，训练她重构，让她想象

　　　　　　　　　　4　探索来访者的世界

如何改变该画，以便消除其紧张气氛。在这个画的另一个版本中，她移动了她自己的人物图像，坐在了一个让她感到舒服的同事旁边，这立刻让她觉得自己不再那么的"格格不入"。然后她让我惊讶的是在画中增加了几扇窗户，并且打开，这样当然就改善了幽闭恐惧的氛围。在下一次开会的时候她请求开窗，他人一旦同意了，她便觉得有了更多的掌控感。

正如瑞夫纳特（1999）在他有关儿童的著作中写的那样，这种配对的绘画也可能导出一个人未知层面的经验——也许是他们对自己的感受中的阴暗面。当被要求展示现在的感受和未来想要成为的样子时，一个年轻的女性先是画了一朵含苞未放的花蕾，随后画的鲜花"盛开，朝向太阳"，但是她添加了一个看起来充满威胁的鸟，在第二朵花上盘旋，象征着她对该成长的焦虑。在最近的著作《在孩子的内心》（1998）中，巴特纳和格林描述了几种方法以探索孩子的自我感觉，其中一种有用的方法是建立孩子的"自我意象档案"。这是第一本描述如何运用个人构念心理学去理解孩子的著作，在一个相当广阔的情境中解决非常广泛的问题。

做孩子的工作尤其得熟悉泥偶的使用，从而帮助孩子表达人们之间的关系。例如，将它们组合在桌子上，观察它们是如何互相交流的。这种程序对成人也有用。泥土塑模甚至比绘画更能传情达意。在团队工作中，一起构念一幅画能够显示大部分成员对彼此进行构念的方式。当然，关于这些许的想法还有大量的置换方案。

部分取决于咨询师的技术，音乐、动作和戏剧也能成为探索来访者构念的重要部分。这些活动也许成为变化过程本身的有价值的方面。我们将在第5章中角色扮演和实施中看到。

观察与推论　　　最终，我们试图"读"懂彼此的方法，包括观察面部表情、姿势、身体紧张和放松等。在日常生活中，这常常发生在较低水平的意识中。不过我们可以从中学习一二。在咨询中，保持对这些细节的敏感是我们与来访者互动的关键之处。通常会存在叙述的不一致，一个人所说的话相悖于音调、面部表情、身体姿态。通常，来访者不能讲出来，但是坐的样子却告诉了我们更多的信息。对我们来说，没有必要立即进行"诠释"，但是，我们也许可以试探性地说出我们的所见所想，由来访者来加以确证。如果这么做不合适，那么我们暂时记住这些看起来传递了重要信息的东西，稍后与动作、姿势、面部表情一起来确认我们的印象。这都是我们对来访者的构念进行归类的部分。

作为我们下一章的主题，某些最早的变化的　　　　　　　种形式出现的，而非词语。一个来访者构念　　　　　　过身体的放松显现出来。威胁之下突发的　　　　　　　叉的双手暴露出来。更多的目光交流也许能够　　　　　境中信心的增加。选择另外一张椅子坐下可能意味着作为　　者部分的有意义的实验。我们已经展示，一个来访者在改变了绘画的设置之后，如何采取主动的措施去改善艰难的情境。在第5章中提出的想法中，我们将看到来访者所涉及的远不仅仅是谈话。当然，谈话在绝大多数的咨询方法中是最重要的，但如果我们仅赖于此，便会失去太多。

小　结

个人构念心理学有很多种方法和技术能够更为明确地界定一个人是如何构念她的世界的。个人构念咨询师不囿于此，他可以根据他的安排使用全部已有的方法，甚至发明出自己的方法。所有这些方法都是一探究竟的捷径，即如果阻止了来访者自行其是后会怎样。选择方法的标准是它应该能够帮助咨询师更加了解来访者的世界，并且也许，帮助来访者开始重构的过程。

在短期咨询的情境中，个人构念方法自身能够成为咨询计划的基础，而不仅仅是调查的工具。

第5章描述了咨询过程中的重构过程。

咨询：作为重新建构的一个过程

5

我们已经探讨了来访者呈现的问题以及每个人历经艰难的内容，应该讨论得很清楚的是：只有"探索"完毕之后，"重新建构"才会开始。

通常而言，当来访者在按照一定的程序，设法洞察其构念活动并提供给咨询师的时候，来访者就开始从一个不同的视角来看待生活了。写一个面向未来的自我描述，或者填一个网格，能够将来访者带进人生的重要目标网之中。随着咨询师的倾听和不断的理解，来访者也许第一次将她/他自己构念为一个值得担心的人。这将是一个主要的重构步骤。

现在我们将特别看看咨询过程中改变过程的本质。正如我们在开头时说的那样，咨询并不给来访者设置那些逐步进展的"阶段"，也不规定出一些必须探索的领域——例如童年事件。这是个人构念心理学的理论和哲学在确定来访者问题上的又一次应用，识别出构念的替代方法，从而使得来访者沿着自我试验的道路前行。

这个非常抽象的方法的描述使得它看起来是一种技术界定，但实情并非如此，我们所希望的将在第6章中的一个咨询个案中得到深入浅出的讨论。这里并没有一个规则手册，只有一套专业的构念（咨询师所佩戴的一套护目镜）用以引起来访者对自己和世界的看法的改变。我们因此仅仅提供了一些例子，来展示咨询师是如何诠释来访者所经历的问题，以及她可能会如何帮助来访者继续前行。

我们首先来看看一些较为上位的构念：帮助来访者松弛和收紧其构念系统的方式；通过缩小或者扩大某些构念的意义从而引起改变的方式；接近前语言构念；取代一些被证明是无效的构念方式。随后会考量降低敌意的方法以及帮助来访者处理罪恶感。自始至终强调试验方法的重要性、对预测的检验和对结果的考察。

5 咨询：作为重
新建构的一个过程

充满创造性的改变

所有的改变都是一个创造性的行动。我们每一个人都知道，当我们决定放弃一部分行为时，我们就已经创造了一个新"我"。咨询也是一样。有许多方式来帮助一个人改变自我及不断变化的世界的构念，但是我们仍将坚持那些直接源自凯利理论的构念，因为理论是根本。只有理论，才能引导咨询师与来访者建立具有创造性的关系。为了帮助来访者重构，咨询师可以自由运用任何他/她非常有信心的技术。这是很重要的。理论是恒态的，但是技术不是。凯利是这样表述的：

> 咨询师和来访者之间的关系，还有使用的技术也许如同整个人类全部的关系和所有技术一样变化无穷。技术的协调和连续不断生命过程中有益经验的使用，使得（心理病理学）心理咨询为人类的生活作出贡献。

下面是一些例子，主要从理论构念的层面介绍了如何去帮助人们改变其构念活动。

帮助一个人收紧其构念的技术

在第 3 章中，我们充分讨论了**收紧—放松**构念及其与创造性的关系。在这里，我们举了一些例子，说明了两个人是如何通过放松或加强他们的构念活动来以不同的方式看待生活的一个方面。在这里，我们看看曾经提出的一些方法，它们可以帮助个体改变他们的构念过程。

收紧是创造性循环的一端。使用这种方法可以使来访者对世界的看法更为明确，从而使其世界观变得精细化。收紧包括赋予构念活动以秩序，以便使下位构念更为紧密地归入其上位构念，然后我们才可以判断我们自己的行为。

审定或者提审

一种鼓励来访者收紧其构念的方法是请他评定自己的状态。你也许可以问诸如此类的问题："具体来说这个跟你早先所说的……哪个更重要一些？"或者"你告诉了我你的许多想法和感受，但是对于'你把它们放在一起是如何看待的'这一点来说，我还没有一个清晰的概念。"那些喜欢收紧构念的咨询师们都是以判断为导向的。

总结

为了总结某些事情，一个人需要将事件置于某种秩序中——此即收紧。"在我们最近 3 次的整理活动中，你认为最主要的事情是什么?""现在我们来总结一下我们的活动。如果你能够用自己的观点提炼一下我们刚刚所涉及的东西,那么对将我有很大的帮助。"凯利建议,我们可以请来访者每次回家的时候写一个活动总结,下次活动的时候将这个总结带过来。这对那些不善于表达自己的人来说,可以成为活动的基础。它可以被读出来,让大家进行讨论,并且用来形成新的访谈的基础。

总结在提升的过程中也很有用。如果来访者力图寻找一个正确的词汇去表达一个非常不清晰的、重要的上位观念时,你可以请他概括一下他所说的,也可以用一个单词或者短语来总结他所说的。

历史的视角

请来访者从历史的视角看待事物可以导致建构收紧:"你第一次产生这些念头是什么时候?""这让你想起了什么?""你是如何以这种方式来思考这个问题的?"

将观念与他人关联

第4种收紧构念的方法是询问如下问题:"你最像谁?""你知道谁也像这样想吗?"当然,这也常常是历史的内容。

直接途径

你也许可以直接问:"我不是很清楚你对我说的话。你介意再为我解释一遍吗?"如果合适,你可以继续请对方再说一遍。

质疑建构

第6个方法是直接质疑来访者所说的。这样做一定要谨慎，因为很可能对来访者具有一定的威胁。这也会动摇来访者的信任，让她担心自己是否能够被咨询师完全接纳。"你如何解释现在所说的与上周所说的有关X的不一致的地方？"

你对来访者所说的东西表达出你的质疑，在有些情况下也许非常有用。例如，在某种情况下，卢克（结结巴巴地）近乎绝望地想要知道为什么他更希望有地位而非失去地位。他的阶层引导他关注各种被人拒绝的可能性，以及如果这种事情发生了他将无法知道该做什么。当构念相当紧促的时候，随后浮现出非常不确定的东西，正如最后他发问的语调所显示的那样：

> 卢克：好吧，我想这就是事情的本质。如果一个人有地位或者受尊重（同样的意思），或者说如果某人极其受尊重，他们若对一个人有所请求，后者便会立即去办。如果某人没有得到任何尊重，若他们对一个人说："我想要你如此如此"，得到答复便是"自己去做"。这两者面前每个人都在撒谎。但是，我想对大多数人而言，如果他们拒绝帮助别人，或者对别人完全无礼的话，他们会比较高兴的。

我（Fay）对这个非同寻常的观念的回复（至少对我而言）是："噢，

太夸张了，我不是这样的。" 卢克马上回复道："好吧，你也许能够总括那个情境并且可以回答'是'，你能说会道可以改变他们的想法……不是吗？"

这时重要的就是要尽可能快地揭示他的这个观念的谬误，所以我详细讲述了一段真实的故事——进入汽车修理站去请人给我的车胎充点气。他们给我指了指机器，意思是我应该自己去充气，结果我走了，"因为我不知道怎么充气"。但是，我没有转回去说："我不会做。"他说："为什么会那样？"说话的声音表现出了真实的疑惑。当他思考我在处理这种情境中的挫败时，他就更加迷惑不解了。我们最终是这样结束的：

> 我：我并不认同你的假定——每个人都能自动地处理所有的情境，唯有你不能。并不是任何事情都能言说的。
>
> 卢克：这是个非常有意思的事情，因为我觉得熟练的演说家能够处理任何情境，所以如果我足够熟练的话，我能够处理任何事情。

询问有效的证据

"你是怎么知道的？""什么样的证据可以证明你错了？"我问特里克斯贝尔，"你如何知道你获得了足够你所需要的爱？"她回答道："我从来没有满足过！"其他的回答常常是"比其他任何人需要的都多"。不管哪一种说法都不可能得到有效的证据支持。这个问题是为了将当事人对生活的要求带到现实的层面（或者荒诞的层面）。偌大的整个世界竟然没有人能够证实他们的经验，世界总是跟这些人过不去。这些问题能够让他们直面自己的敌意。

词语与时间的结合

某个来访者可能在一些事项上存在一片混乱，那是一些他很难确定的事情，他需要找到正确的词语来表达意思。"那是不是正确的用词？如果不是，为什么不是？""我们可以用其他哪个词？"当受限于某个词语时，构念往往倾向于变得更加不通透——这样它就不大容易吸收新的元素。咨询师需要注意到这些词语的限制作用，因此可以适当要求为这些构念松绑。

个人构念心理咨询不同于心理分析的方法，它既不特别构念出"自我的力量"，也不要求进行"情绪的洞察"。尽管它也认为词语在重构的过程中扮演了重要的角色。凯利建议，分析师所说的"情绪"也许最好被理解成没有"词语的界定"。

焦虑的人不能彻底地就其焦虑遣词，如果他能够做到的话也就不再焦虑了。当然，他能部分地用词表现其焦虑，有时候甚至是滔滔不绝的言辞，但是，那些词语是一些松散地抱持着的元素，在他的焦虑之锅中煎熬。那些赋予这些元素以结构和连续性的词语符号还有待发现。实际上那些结构和连续性自身必须首先被发现（Kelly，1995：804；1991：Vol. Ⅱ，173）。

下面的逐字稿摘录自与罗兰德的一段对话，他意识到了正在发生一些改变，但是他不能十分确定发展到了什么地步。这就将他推到了一个非常焦虑的境地，因为他无法掌握所有这些对他来说意味着什么。正在报告的情境中，他发现自己的行为和感受都无法预料。

> 罗兰德：它，它非常特殊，它使我感到非常混乱，这也部分地解释了为什么我现在这么摇摆不定。嗯，嗯。我之所以混乱是因为所有的都非常，噢，没劲儿，嗯，我一直在重现过去曾经经历过的许多事情，但是只有一点点的热情劲儿，嗯。（笑声）
>
> 我：那让你感到不舒服了吗？
>
> 罗兰德：我只是觉得，我只是发现它真的难以被理解。
>
> 我：简单地说，发生了怎样的改变，你现在几乎只剩下一种习惯——情绪退缩……
>
> 罗兰德：是的，基本上是那样的感觉，不过……是的，嗯，我不知道，正如我所说的，我为此感到非常混乱嗯……嗯，噢。
>
> 我：你能把那种混乱给我讲出来吗？
>
> 罗兰德：好吧，我觉得那主要是，呃……我不是特别焦虑。我的意思是焦虑——我比我想象的更为焦虑。（笑声）
>
> 我：它是否是一种弥散性的忧虑，而非仅仅是一种不舒服？

罗兰德：它并不是特别地不舒服，嗯，我的意思是，我有点，有点……可以说是像专栏一样的。但是，嗯，这样描述有点特别，但是它感觉像专栏般的，呃，一样的。噢，焦虑，并且我感到我自己脸发红，并且我反复思量，你是否有过类似的尴尬。看起来似乎是如果我要是实际上着手放松并且行动的话——看看发生了什么。嗯……我会更可能找到感觉的方向，而非在恐慌中倾覆。

在"他焦虑之锅中煎熬"的挣扎的过程中，我们发现了某些固定之锚。它事关感觉的方向。其时他一直没有人生的方向，不能也不愿意承担起成人的角色。他将自己看成是"还没有成功"。他突然明白，他已经到了某种程度上——没有方向感已经成为一个问题。有方向感会伴生比较大的威胁——他是一个无法正视失败的人，对未来的道路作出选择必然意味着你可能会犯错误，但是看看其对立面——"在恐慌中倾覆"。无怪乎他感到陷入困境——被封锁进一个各方面都站不住脚的构念方式中。

罗兰德：我确实感到有些陷入困境。我感觉将我自己陷入一堆我可以说（笑声）曾经遭遇过的境况中。

他曾经到过某些去处，但是不确定那是否是他想待的地方。他述说了过去职位的好处。

说实话，我仅仅想看见那些，嗯……正式社交中认识的人们，我比较喜欢（笑声）……我对认识新的人不是很感兴趣……部分我想要的是那些，呃，依靠一个小团体的……嗯，以便于我可以在其他方面能够独立……作为一种基础。

他现在将一些留在原来职位的好处诉诸言语，还有以他的表现所扮演的角色。这使他待在他舒适的家庭环境中。

他的笑声在他的对话中扮演着重要的角色。如果没有词接下去时，笑声能够用来确保人们对他所说的任何事情不要太当真。只要是他提到新旧状态的落差冲突，他就会笑，显示出旧的状态是他更想要的。

个人构念心理咨询师就是接受来访者的行为是没有问题的，即便来访者构念的活动只是以实际行动的方式表现出来。在处理人际关系时会有角色扮演，这与心理咨询期间运用"角色扮演"是协调一致的。凯利指出，甚至在咨询结束时，来访者很明显已经朝着希望的方向发生了改变，也许能够说到这点，但可能无法说出是什么在推动他继续前行。这不是靠语词牢牢固定住的。

时间结合法是一目了然的，它意味着给构念一个期限。童年时期可用的构念到后来就不再适合了。凯利举例说，奇迹在某些方面就跟时间相结合的。"过去的奇迹到了20世纪就不再是了。"

5 咨询：作为重新建构的一个过程

过早收紧构念的危害

让来访者太快收紧可能会适得其反。来访者需要为新近形成的构念获取经验的支撑，需要将其精细化，看到他们能够经得起时间的考验。过早收紧意味着，没有充分的经验支撑作为一个收紧了的构念的基础。有人要创造成为另一个人的崭新的世界，也许是一个固执的人替代了一个胆怯的人——如果收紧得过快的话，可能要面临灾难性的焦虑。她会被迫查看所发生的意味着什么。相较于隐于背景和缺乏自信的可预见性而言，她看到她成为一个固执的人的东西很少。因此她并非不自然地退回到了她过去的认识中。她又变得固执了。代之而来的是她也许得直面一个事实，在表现得自信的时候，她的行为是一种咄咄逼人——不具有接纳性——的方式。她面临的内疚不仅仅是不像"她自己"了，而且变成了她认为是"坏"的东西。

鼓励松弛构念的技术

在放松构念的过程中，对秩序和判断的要求降到最低，经验则是至上的。构念松弛发生在认知意识处于较低水平之时。当然，在着手松弛练习之前，咨询师必须要十分确定来访者的构念已经不够放松，以至于她面临着当前问题恶化的风险。例如，对于罗兰德来说，一个基本的构想是当时已经绝无可能进一步再松弛他的构念活动了。但是在很多其他的个案中，放松是根本的，这样以便于创造性的环路能够因循开启。

在帮助一个来访者松弛构念活动，或者为一个原本就放松的来访者展开工作时，互动的进度可以想见地会慢下来。放松的构念活动与机敏的应答方式是不可能并存的。

有 4 种主要的方法可以帮助来访者实现其构念系统的松弛性：放松、链锁联想、回放梦境以及咨询师对来访者不加批判的接纳。

放松

实际上不可能的是，既让你的注意力集中在某些事项上，又让你的身体放松。这个例子很好地证明了凯利的主张，即我们最好被构念成一个作为完全整合的人。有许多方法来帮助来访者放松。心理分析师典型的做法是让来访者躺在一个长沙发上，但这绝不是根本的东西。让来访者躺在一个舒服的椅子里，可以让其收获非常满意的深度放松。如果你的身体松弛了，你的建构也会松弛的。

链锁联想

这也是心理分析师常用的一个程序，你得要求来访者说出任何进入到头脑里的东西。要报告出进入头脑的一切事情，当然是荒诞不经的。"事实上，即便是一刻不停地费尽口舌，也不可能将所有稍纵即逝的想法和意象说出来。"（Kelly，1955：1034）个人构念心理咨询师极力主张的是，来访者只需要"快速述说"有什么出现即可，不要故意从这些观念或者意象中挑选谁比谁更重要。

有许多办法来处理来访者建构放松时遇到的困难。首先,来访者可能在开始的时候有困难。那么可以请他仅仅让思绪随意飘荡,不要说话,过一段时间之后,让他回顾一下想到了什么。或者咨询师可以选择一个出发点,如一个平淡无奇的单词、不完整的句子或者一幅画。这都可以进一步发挥,如果她认为有一些前语言的材料被卷入进来了,可以建议来访者不用再与出发点相联系。正如所有有经验的咨询师所知,很难游离于重要的事项之外。

其次,来访者也许会表现出"事不关己"、高高挂起的烟幕,但在咨询师的全面关注下,这慢慢就会开始进入某些个可知的正题。重要的是要记住来访者可能通过行为举止表现出一些前语言的构念。在这样的个案中,咨询师要格外注意来访者的行为方式。需要留意考察的是,看似无关之物可能存在着淹没极。问题就变成了:"现在,就来访者的思维方式来说,他所说或者所做的对立面是什么?"

第三个方法是打破紧密的建构。这是链锁联想和放松方法的真正目的。咨询师也许得积极介入,发起询问,评价构念活动中的感受成分。在我与特里克斯贝尔的第一次会谈中,当我询问她当时的感受时,她紧密的建构就被打破了一小会儿。我们允许她的感情暴露出来,于是她就哭了,眼泪就掉下来了。在相对安全的咨询室里,链锁联想与放松方法对彰显感受成分很有用。问题也许是:"但是所有这些对你来说,有什么感受?""让你念念不忘的是什么?""所有这些隐约类似于什么?""它是否像你以前曾经说过或者经历过的，但是你还没有染指？""你在告诉我事实——让我们现在不去管真相，我们只管深层的意义、压力、潜在的焦虑、隐约的不适、思念、难以言表的观念。"

有时候松弛的取得是让来访者不要说何者是"重要的"。通过这样的努力，来访者可以发挥他放松的前语言构念，并且可能揭露出相对的一极。所有这些都可以被一个悉心倾听的咨询师所听到。

梦境

梦境是构念松弛的绝佳的例子：不仅放松并且经常是前语言的。

因为梦被讲述的时候总是会发生改变——在结尾的时候人们通常会觉得与开头的时候肯定不是一个东西。这并不重要，因为本来咨询师关注的就是来访者是如何报告的，而非关注究竟做了什么梦。

梦有各种形状和尺寸。凯利提到一些梦的类型。

首先，长程—快进的梦（mile-post dream）是指那些我们感觉置身其中的恢宏而栩栩如生的情节，其生动性和令人难忘的事实显示某种程度的紧张。不过，因为他们是以梦的形式出现的，所以在某些地方一定是放松的。凯利主张，可理解性和生动性显示有一些上位构念被卷入进来，并且表明在来访者的构念系统中正在发生一些潜在的变化。如果是这样，那么咨询就可能进入了一个新的阶段。

当来访者适时收紧时，他将可能自己对梦作出解释，这时咨询师

5 咨询：作为重新建构的一个过程

绝不应该试图作出任何解释。凯利（1995）举了一个年轻女性的例子，她的敌意无法表现出攻击，压制的后果是表现出躯体化的症状，诸如厌食、呕吐。她做了一个生动的梦，梦里她正在为家人准备可口的饭菜。她的丈夫通知她说他将去参加一场比赛。她将饭扔到地板上。她自动地将这个梦解释为她所有问题的一个总结。她的行为很快就发生了变化。

凯利也辨别了前语言的梦（pre-verbal dream），这样的梦比较模糊，充满视觉意象，缺少任何人际间的互动。特里克斯贝尔报告了一个梦，在梦里她还是一个小孩子，似乎漂浮在地板上，并且拼命想要够到一个人，那个人似乎在薄雾中若隐若现。但是，她感到无论她怎么尝试都无法够到那个人。通过眼泪她表达了她对那个人强烈的愤怒，因为那个人对她急需安慰的需要无动于衷。她随后将这种强烈的愤怒与她对其母亲的感受联系了起来。

有时候做梦的人在她构念网络相反的一端刻画了自己。特里克斯贝尔，非常渴望对所有涉及的人都表现爱。与咨询师会谈的一段时期中，她完全可以通过梦来表达对她的母亲愤怒，而不必非要通过亲身经历。不管哪一种方式，她都触及了其自我构念的淹没端，她将自我构念为一个全面拥抱爱的人。当这些发生的时候，咨询师假设来访者已经准备好进一步探索这一领域，因此开始着手精确他们的构念活动。重要的是，咨询师意识到了这种可能，因此来访者的实验没有被错误地构念。

最后，礼物梦（gift dream）是为了取悦咨询师的！梦就开始跟随着咨询师所意识到的进步了。如果这发生了，有理由假定小小的进步正在发生，并且必须对咨询策略进行一些重塑。

帮助来访者详细描述梦境　有各式各样的问题可以拿出来帮助来访者回想起梦。例如，"这是一个快乐的梦还是一个噩梦？""它简单还是复杂？""有很多人吗？""你经历过类似的事情或者做过类似的梦吗？""梦中有不同的颜色吗？"经常在做梦后的会谈中梦会经历得更为清晰。

在"寻找核心（Searching for the core）"中，雷特纳（1985）直接去找来访者构念中最上位的领域。当来访者描述了梦后，雷特纳问道："你觉得对你而言，梦中最重要的事情是什么？"还有，"其对立面是什么？"由于还有其他林林总总的梦，需要注意来访者不会被压垮了。

梦的解析（Interpretation of dreams）　解析，如果真正要用，不能在来访者早期报告梦的时候使用，因为它具有收紧的效果，结果会破坏在放松过程中获得的收益。个人构念心理咨询师对来访者的构念进行解析，仅仅是当他们认为来访者因此而能从不同的方式来开发梦的时候。咨询师从来不会从一个"众所周知"的立场去解析梦。

格式塔疗法有一些非常有用的方法来研究梦。虽然都有点儿收紧的效果，但是可以为来访者呈现他们自己对正在发生的事情的解释，当然，这些东西也许无法在梦中向来访者自行显现出来，但它们可以给来访者新的见解。一个人在她的女性角色方面有问题。

5　咨询：作为重新建构的一个过程

她一直对很多事情都感到非常愤怒和沮丧，但是发现很难精确指出是什么在折磨着她。在她咨询的第二次会谈时，她报告了一个梦：沿着一条路到了一个非常可爱的小房舍，每一件事物看起来都非常祥和，院子里有很多美丽的花朵，被打理得很好。但是，她不仅对此深感敌意，而且非常焦虑。运用格式塔的方法，她被说服去扮演梦中的每一个元素：即，她重新演绎了梦，仿佛她就是那所房子。"我就是那所房子。我被精心建造和保护，打理得很好"，如此等等。花园亦是如此。最终她化身成了那条路。"我是一条小路，通过这个可爱的花园到达这所精心打理的房子，我不停地被踩踏；没有人注意到我，他们忽略了我完全没有杂草，而且是由粉红色的、灰色的和白色的美丽的花岗岩碎片所打造的"，如此等等。她笑着结束了，很明显她认识到了，对她而言，问题是什么。

这种收紧梦的方法能够构念得最为明白，但是需要小心处理。要求某个人在某个领域收紧会引导在任何地方收紧。安排好扮演事项的顺序是非常重要的。咨询师经常能够看到主要的事项最可能在何处，并且明智地将其留到最后。

不加批判地接受导致松弛

不加批判地接受是咨询师角色的普遍的特点。不过，它也具有其他含义。在此处，它不仅意味着被动地接受来访者的世界观，而且还意味着尽量小心不去过于密切地询问那些放松的建构，即便是基本没办法理解。例如，可以这样说："我想我知道你的感受。"这样就为来访者在尝试松弛建构时提供了有效的支持。

制造松弛构念的危害　　对个人构念咨询师来说，一个好的经验法则是相信松弛可能对来访者有害。因此，咨询师必须具有理智和清晰的观念，确定来访者在着手放松及其他活动之前，是否绝对能够在所有的松弛练习中应付失控。

也许有时候，来访者有时会表现出"抗拒"那些说服她放松构念的尝试。这样的抵制常常被认为是有效的。它意味着咨询师还不够清楚来访者可被要求做什么，在来访者和咨询师之间存在沟通的失败。也许有太多的威胁；来访者也许过分坚固地将锚深嵌在现实之中，以至于无法赞同松弛所持。

如果你过早地帮助来访者松弛她的构念活动，那么会发生很多事情。有时候咨询师也许认为他松弛的努力遇到了阻抗，而实际上，来访者已经走在了他的前面。来访者也许已经进入了创造性的循环（放松到收紧，再到放松构念，如此循环），并且能够处理一些新的观念，不过这些观念还没有足够的语言标签。来访者需要做的全部便是使用编织新的构建的选定元素。这听起来有些神秘。正如凯利所说的："同样一个东西，另外一种标示它的方法可以这么说，即一个观念很可能在有一个合适的标签之前就形成了，它产生于被命名之前。"（Kelly，1955：1051；1991：Vol. Ⅱ，344）

5 咨询：作为重
新建构的一个过程

咨询师过度成熟的解释，可能成为阻止来访者松弛的原因。这可能会威胁到来访者或者将来访者从任务上转移——但是两种方式的结果都是收紧。咨询师本人也许被构念成了一个具有威胁性的人。如果是这样，咨询师必须证明这个建构是无效的。他必须确保，来访者不会将他构念成一个打断来访者思考或者嘲弄来访者口误的人。"换一种表述，来访者也许需要感到他的放松思想被接受，而非被挑战或者被检验。"（Kelly，1955：1057；1991：Vol. Ⅱ，348）

不管阻抗松弛的理由是什么，假若咨询师感觉坚持放松是正确的，还是有一些办法，如扮演是可以用的。例如，如果呈现在"打个比方"的情况下，许多来访者能够使自己扮演不同的角色。一个人也许对他们的性别角色有所迟疑，发现这方面不可能松弛并且不可探讨。但是，同样这个人也许非常希望扮演一个具有性别角色困难的人物角色。或者说，同样这个人也许能够从艺术或者宇宙的本质方面放松地思考。当放松地思考艺术时，咨询师也许能够转变语境，从而可能思考性别角色与艺术的关系。

即将松弛的信号

有一些信号是咨询师可以捕捉的，它们告诉她为来访者制造松弛构念的目标即将实现。来访者变得很难去跟随之。音调可能会降低，语流变缓，节奏变少，沟通失去重点，并且会产生诸多思绪。

来访者较少看着咨询师，更多盯着空间中的某一点；反应迟缓，并且貌似没有意识到其言语的关联性问题。

松弛构念中的难点

在我们帮助某个人改变对自己和世界的解释方式的所有努力中，带来松弛的尝试是最有用的，但也是最有害的。从其最本质上来说，松弛是有关放弃控制，有关放弃对我们能力的检验以及对事件的预测。这种冒险只能基于咨询师的明确诊断，即发现来访者的前行受到阻止以及绊脚石所在。

这些害处已经在我们对阻抗的讨论中触及了。一个来访者，若像用一根紧绷的缰绳一样来维持其构念一样保持其对世界的把握，那么当他遇到一个过度热情、不惜一切代价决定松弛的咨询师时，很容易会遭遇一个嘈杂的世界。凯利描述了这相对于心理治疗的效果，但是它在咨询中也同样适用：

> 一个热心的治疗师若坚持要求来访者放松，而来访者正紧紧把控着那些不确定的现实片段，那么，咨询师也许一不小心就会让来访者陷入一种严峻的焦虑状态，以至于必须进行直接的例行治疗。
>
> 松弛的心理疗愈实际上是心理治疗师所要操控的最重要的程序。因为它是一种创造性的思维，所以在更加具有创造性的心理治疗方法中运用得更为娴熟。但不是所有

5 咨询：作为重
新建构的一个过程

的咨询师都能够熟练地掌握该程序。在追踪热点时，需要保持对个人的观点的全面性和灵活性的掌握，殚精竭虑，日复一日，琢磨和转化另一个人的思想。令人恼怒的是，那些不能驾驭这种创造性思维状态的来访者，增加了疗愈难度，也增加了来访者无法从中脱胎换骨的危害。这是松弛心理疗愈的困境。(Kelly, 1995 : 1060)

上述危害意味着，对于过早地松弛构念的人而言，他们会发现"收紧的"模式是最有用的。即便某人发现松弛构念能够行之有效地避开焦虑，但对他而言还是存在一些危害。按照推理，只要看起来是有序的，那么预测就具有可行性。如果一个人完全不能预测，那么就会有焦虑。松弛可以是一种避免焦虑的方式。如果我们使构念持续放松，一直到我们的预测类似于"我预期他会以一种友好的方式对待我，但是如果我错了，他忽视了我，那么我也不会太吃惊"，那么我们就不可能失灵。那也意味着我们不可能改变。其最极端的形式，可以在精神分裂症的无序思维中发现这种构念类型(Bannister, 1962)。

罗兰德是一个发现松弛构念非常舒适的人。其严重程度使得咨询的主要目标之一是确保不能再鼓励其进一步放松了。他已经足以屏蔽现实，需要关注的核心问题是，不要使他再次进入我们称之为精神分裂的虚幻世界。

在收紧和松弛之间循环往复　　咨询不仅仅是关注收紧或松弛，
而且要求有创造性——从一个变
动到另外一个变动。在咨询的早期阶段，松弛和收紧可能要反复
发生几次，改变为另外一种模式。不过，在会谈的最后 10 分钟做
一些收紧的工作往往比较重要，这样在处理外面乱糟糟的实务时，
来访者不至于处于过于放松的状态。总体而言，咨询计划也许包
括几次松弛的会谈，然后是几次收紧的会谈。"治疗师教给来访者
在重构生活中如何保持创造性。"（Kelly，1955：1085；1991：
Vol.II，367）不过，随着会谈的进展，这个循环会越来越短，直到
最后，收紧—松弛—收紧或者相反的整个循环在一次的会谈中都
能完成。

凯利指出，经验不足的咨询师存在一个共同的误区，那便是力图
尽快地转变。须知不紧不慢是咨询的共通主题。必须清楚，在来
访者的语境里，来访者正被要求做什么，否则咨询计划中没有必
要采取任何步骤。

咨询中一些其他的改变

在重构过程中，收紧和松弛的循环也许是最核心的，但许多其他
类型的改变也是很重要的。

5　咨询：作为重
新建构的一个过程

置换

当来访者发现将他们移动到构念的另外一极十分有用的时候，置换才会发生。例如，如果他们将自己视为本质上是"不自信的"，而将他人看成是"自信的"，那么表现得自信将会是一次启发性的体验，首先是在与咨询师的会谈中，然后在外界一些谨慎设计的情境中。只有另一极对于来访者逐步有了真实的含义，并且与其自我意象的其他部分兼容时，这种改变才会持久。另一方面，实验也可能会导致某种推敲，针对缺乏可被接受的论断的某种替代物。

将已有的构念运用于新的情境中

对于来访者来说还有第二种可能，即选取某种背景中的构念运用于另外一种新的情境中。有一个这种类型的例子，一名妇女想返回工作岗位，但是非常怀疑自己是否能够"足够有条不紊"地处理办公事务。不过，当我们看到她将组织的天赋用于料理一个家庭、负责规划了三个孩子到三个不同的学校、迅速准备一切去招待丈夫生意上的朋友、自己设法参加了几个夜校课程班时，她的信心增加了。

处理前语言构念

前语言构念活动十分重要，你几乎在每一章中都会看到。帮助来访者找到合适的构念表述（其时对他们而言很难企及）是治疗和咨询的关键，并且很可能是一项长期的任务。例如，咨询师也许会感到，一个人在特定关系上的困难，源于生命早期形成的构念。

伯里杰特对朋友和爱人频频失望。他们自私而冷漠，不把她当作一回事，忽视她的需要。尽管在早期的会谈中当她说起她的父亲时，总是饱含感情和赞誉，并且只记得她与他生前共处的快乐，他去世那年她 10 岁。但是，慢慢地，她回忆起他"让她失落"的日子：运动会他没有出席；第一次从学校带朋友回家时他不在。有一次他忘记了她的生日，当她告诉他有多么不开心时，他忽略了她的"抱怨"。伯里杰特"埋葬了"所有这些创伤性的记忆，因为她想要保持她已逝去的父亲的浪漫形象。有了这些，她那无法满足的关注渴望和情感诉求似乎都可以被理解了。

检验系统的内部一致性

本质上，这个过程是探索一个人有些混乱的构念活动的不同方面。在第 4 章中我们演示了如何运用楚迪的 ABC 模型，澄清那些引而未发的两难困境。当一个重要构念的两端皆有利弊时，来访者要么不能辩赢，要么没有进展。阶梯法也许也揭示了某些不一致性。例如，一个想要变得自信的来访者发现，当我们登上构念的更高阶内涵时，他并不喜欢他在自信一端所发现的。那里有**压制他人**的意味。尤其重要的是，在这个例子中，当事人能够毫无困难地挑战他以前有关自信的价值。在其他的例子中，这些长期持有的信念也许需要更为缓慢地重构，通常会不停地重新审视当前情势如何。

检验构念的预测效度

我们有关人的许多构念，特别是有关人的类别，都是在生命的早期形成的，并且从未接受过挑战。这不仅引起麻烦而且对于可能的关系设限。一个明显的例子是种族偏见。一个人可能会以为某个民族所有的人都"脏、懒、无所事事"，就像他们年轻的时候听说的那样，并且也许从来都没有检验过这个理论。某个人也许遇到一个"权威"的老师，结果其余生都会认为相似角色的每一个人都是一样的。我们对自己的期望也会有相似的效应：如果一个人年轻的时候认为她自己不够聪明，那么她就会一直延续这样的自我构念，即便是有斐然的成就为证。只有那些咨询师特别关注的构念才会要求来访者去质疑并加以检验。

扩大构念的益性范围

来访者可能有一些非常有用的构念，但是仅仅使用在非常有限的情境中，因此限制了其用途。这是对诺万的过渡性诊断。诺万觉得只有他投身于工作中时才有价值。因此，尽管工作让他精疲力尽，但是他仍然专心致志、兴致勃勃、"活力十足"。他能够观察到事情是如何发生和发展的。令他感到糟糕的是，自己在家中与家人相处总是烦躁不安。他特别懊恼的是无法愉快地陪伴其年幼的孩子。我们澄清了两种处境的不同。与其说他无法对孩子们专心致志，还不如说他根本就不关注他们。甚至可以说，孩子的一言一行都毫无兴致可言，无法使他感到活力，而这正是他工作中不可或缺的。

他被建议花一些时间在孩子们身上，并且尝试着专心致志于他们的游戏，观看有什么有趣的事情发生。他的这个试验最令人震撼的地方是他认识到了孩子们在游戏时，"事情正在形成"，这是如此清晰，以至于当重复那些事情时，他能够清晰地触知孩子们的理解力每天都在成长。尽管他不能假装其他的每件事情都值得他参与，但是许多其他的活动开始被包括进构念来，而这些构念以前只适用于工作中。他逐渐开始咨询和倾诉工作的压力，咨询师最初的预测是成立的，即分散某些他工作中的全神贯注有利于放松紧张情绪。

缩小构念的益性范围　　正如过分狭隘地限制某个重要构念的使用一样，有时候也会过于宽泛地使用它。对于卢克而言，构念**有地位——没有地位**的益性范围几乎包括了所有事物——甚至是诺特里的水果晶粒。每个事物都有其地位的价值，有地位是非常重要的。如果对此有任何怀疑的话，他就会结巴。但是看着那些证据，他渐渐地形成一种认识，尽管对**他**而言有地位还是非常重要，但是实际上并不是有必要把**有地位——没有地位**的构念运用到诸如诺特里的水果晶粒这样的事物上。

转变构念的意义　　我们曾经说过很多次，咨询师并非是把自己的建构强加于来访者身上。这样，如果试图改变来访者对事件所赋予的意义，那么其

5　咨询：作为重
新建构的一个过程

目的都是解除构念对她的束缚（这些束缚来自那些在某些方面禁锢了来访者的构念），而无关乎咨询师的是非判断。例如，一位年轻的女性，将人们分为"魅力四射的"和"呆滞的"两类。在她的眼中，因为不具备魅力四射的特征，所以她自视呆滞并且不愿意做其他的审视。她认定其他每个人对她有同样的感觉。这些都让人感到压抑。她被要求试穿一下"有趣的"的衣服以与呆滞相对照。这在抽象的层面上基本没有什么意义，但是随着她尽可能精细地去装扮"有趣"，以这种方式去说和听她做过的与未来可以做的事情，发现所有事情都变得充满了希望。她在试验中进行了大量的行为改变，总的来说，重构了她以往获取别人反馈的方式。"呆滞"的意义在这个过程中不可避免地发生了变化。她现在将它视为喻示"没有最大限度地成为自己"。

创造新的构念

凯利将该过程视为最艰难和最具野心的。为什么我们需要这样，如果说必须这样，如何才能做到？遭遇全新的人生经历很明显需要伴随新的构念活动。置身于一个迥然不同的文化中，如果我们的构念只是固着于新旧环境的比较，这将是一个创伤性的人生经验。我们需要养成新的习惯和态度，新的经验就可以产生新的构念，以便我们能够更好地预测我们变化了的世界。

随着我们的成长和发展，对新的建构的需求永远存在，尽管可能要设法应付旧的构念。我们也许在上学、进入青春期、结婚、为人父母、老去和死亡的过程中毫无挑战地去采纳别人的构念，但是从来不形成挑战。如果这样的话我们就无法充分地置身于这些经验之中。在我们的最后一章中我们将再次审视一下所谓的"**经验的全部循环**"，然后明了构念的持续更新在个人构念心理学中的意味。

重构过程中的困难

重构并不简单，有时候想做到前几节中所描述的若干种改变是不可能的。抵制改变在咨询过程中是常常遇到的，正如我们所说的，其原因可以在转变构念自身中找到。焦虑常常阻碍来访者——至少会有一段时间，或者威胁也许使得任务变得可怕。内疚，那种出离本来自以为是的自我的感觉，能够让我们每个人——至少一段时间——抵制面对我们构念活动中进一步的改变。不过敌意常常被证明是最大的绊脚石，很多的精力和心思都需要被花在帮助来访者克服它的过程中。

减少敌意的方法

具有敌意的来访者在咨询师面前呈现了许多困难。她是来寻找如何缓解自己的压力的办法而非解决问题的办法。咨询师的工作在于挑战而非缓解，所以也许会露出失望或者无力的面部表情。敌意的来访者在她的社会实验中已经遭遇过失败，所以不想再次被灼伤。因此，她的行为表现会"证明"她已经好了。咨询师将面临

5 咨询：作为重新建构的一个过程

很多困难，无法产生更多的改变。

首先，一种开始时尝试打破敌意情结的方法是试着减少被混乱威胁的感觉，直到无法减少为止。苏珊被鼓励去视察属于她自己的生活领域，并且这些都在她的掌控之中。其中包括听音乐，集邮以及几个朋友。以这种方式，将敌意划定了边界。咨询师为了来访者做出探索性的、积极进取的行为所付出的代价是，暂时额外地接受那些明显带有敌意的构念活动。

接着，当一些可以预测的结构建立之后，可以引入一些机会以便进行积极进取的探索。咨询师可以强调，他在那里是为了以各种可能的方式支持来访者，这样来访者就可以以他为依靠，慢慢地以各种方式试验出人们的反应。例如，苏珊被鼓励用谈论她母亲的方式去表现她的感受。作为对此的反应，很重要的一点是咨询师不要表现出安抚或者分享苏珊对母亲的感受，因为这样的话会使练习没有效果。

帮助一个有敌意的来访者向前迈进——那就是说，作好准备直到事如所愿方停，要让他们能够预测并且主动探索各种转变，而非只是让他们接受自己错了——这是一个漫长而艰辛的过程。来访者常常在获得可感受的结果之前就精疲力尽了。对于苏珊来说，费了很多周折之后她才能够在谈论起其母亲时透露出真情实感。敌意对我们所有人而言具有强大的禁锢效果。

减少敌意的害处

帮助具有敌意的来访者积极地探索转变具有许多害处。如果来访者在她积极探索中变得太活跃，她也许会经历内疚——"这样做我就变成了一个坏女儿"。然后，她将为了保护自己，退缩到自己原来的世界当中。如果来访者在没有获得人生观可行的转变之前，她看到了自己敌意的程度，"治疗师……某天早上醒来后会发现他所珍视的治疗个案以自杀或者心理崩溃而告终"（Kelly，1955：891；1991: Vol. II，234）。另外一个害处是以前具有敌意的当事人积极进取的行为对其家人和亲密伙伴的影响。人们竭力推动的世界往往对其他人具有很大的威胁性。

咨询中的移情过程

在第 2 章中我们提到凯利的启示性建议，即来访者对咨询过程有一些可能的预期。他也请我们多问问自己："来访者现在将我们投射什么样的角色？"——他认为这个问题我们应该时刻记在心中。他列举了来访者最初可能设置的角色：父母、保护者、内疚的赦免者、权威人物、声望人物、理想伙伴或者其他。不过总的来说，他的重心放在了改变上，虽然移情和反移情在个人构念心理咨询中（没有像很多分析学派的那样）居于一个中心的位置，在这里构念改变的需要很显然是不容忽视的，但在有些来访者的咨询工作中也许是迫在眉睫。

在"次生移情"中，来访者应用"一个不同的序列构念，此构念根据他过去生活中的人物而设定"：咨询师对于来访者的认知而言是次要的，来访者构念的着重点在于直接从他以往生活经验中提取的人物（他或者她）。构念就像"试穿衣服"，它们的有效性和非有效性对来访者走近咨询师和走近他生活中的其他人有重要的意义。这种移情可以用来作为重新定位来访者关于他人建构的基础。咨询师可以扮演不同的角色使来访者具有一种可以与不同类型的人建立角色关系的多面能力。

然而，在"初始移情"过程中，咨询师并非无关紧要，而是被来访者优先置于一个单独的角色，这一角色经过了详尽构念却没有顾及多样性。来访者变得以一种依赖的方式依恋着咨询师，并且这种关系很难解决。毫无疑问这些构念来自过去，它们现在以一种不变的方式应用在咨询师身上，关于咨询师的行为、假想的兴趣和日常生活等许多方面都在这些构念中被组织化地进行了详细构念——直到咨询师看起来成为"咨询过程的潜在主题并且来访者不再只关心自己"。凯利认为这种发展完全不能算是有用的现象，相反，这是无益的，并且对于来访者而言，是个阻碍进步和变化的绊脚石。

因此，对咨询师而言重要的是，要对这种依赖性的可能发展保持警觉。更加至关重要的是要注意任何反依恋移情，防止咨询师把他/她的需要投射到来访者身上。在这里来访者和咨询师可能陷入"我和你"的情境中，这会在来访者的真实生活方面毫无结果。只要是在这种初始移情出现的时候，尤其是在咨询过程中断之前，凯利就会警告不要对建构过度放松。他建议咨询师"不断设法使来访者自身的外部资源最大化为一个终极的保护，以使在重新建构过程中不致崩溃"。另外，提倡使用"自由角色和对抗角色"。在这里，咨询师扮演了来访者母亲、父亲、老板、老师的角色，而不是仅仅是他自己的角色。然后，在角色反转时，来访者扮演这些角色。通过这些程序，来访者详尽阐述他和其他人的关系，而不是建立他对咨询师或者与他/她的关系的想象。

凯利注意到对咨询师的移情建构呈现周期性循环的状态。来访者很少会一下子把一切都展示出来，但看起来会检验一部分角色构念，有一段时间会变得更具依赖性。然后，在某一范围内的主要再构完成时，对咨询师的移情可能又变得非常表面化，依赖性随之降低。这好像标志着移情周期的结束。当考虑要停止心理咨询时，注意这一循环过程看起来很重要。循环的结束对于中断或终止心理咨询是适当的，这取决于在伙伴关系的心理咨询中是否需要一个新的周期以鼓励更进一步的改变。

展　现

凯利在讨论心理咨询技巧的使用时用了"展现"而不是"角色扮演"这个词，因为在另一语境里他对"角色"这个词有非常特殊的用法。在讨论到社会性推论时，他谈及"角色"为"建立在角色扮演者关于他试图与之一起加入社会集团的那些人的建构系统的一些方面的建构基础之上的心理学过程"，或者是"一个不间断的行为模式，这一模式产生于人们对跟他相联系的他人看法的理解"。他有关不同种类治疗展现的分类是非常详尽的，但他的重点在于强调在个体心理咨询中的非正式展现程序，这和我们在这里强调的一样。这些角色可以由来访者和咨询师构成，只要事先同意这些角色将怎样被表现出来，否则展现可能会不由自主地超出正在讨论的东西。

展现程序的功能是帮助来访者详尽阐述他们构念的方面，以在确保心理咨询状况安全之内提供实验方法，保护他们在没有准备好之前免遭额外的外部威胁，同时使他们能够在另外的角度当中看到他们自己或者其他人的问题。凯利认为，这些程序在划分迄今为止描述过的情况的方法方面是尤其有用的。通过来访者和咨询师之间建立的情境，他们会变得关注来访者行为和感情方面，这些方面他/她可能发现难以用语言表达。咨询师可能还会注意到来访者没有意识到的但对他们生活中其他人来说重要的问题。

凯利的展现方法的一个重要特征是他运用角色互换。第一版本，来访者可能是他/她自身，咨询师扮演与来访者与之相处困难的他者。然后他们互换角色，咨询师扮演来访者，来访者扮演他者。如此可以有很多收获：第一，这样可以使咨询师更确定地站在来访者的角度，更充分地了解他/她的感受；第二，这也给来访者机会了解他与之相处困难的人的立场和经历。

安德鲁把他自己看成总把他当孩子对待的父母的牺牲品。在长时间的心理咨询过程中，他抱怨父亲冷漠、母亲苛刻且自怜。他宣称自己试图干脆在第二天遇到的时候告诉他自己是如何看她的以及她都对自己做了些什么。据提议，我们应该表演那次会见。首先，安德鲁扮演他自己，我是他多年来被压抑的愤怒的接受者。作为他的妈妈我扮演得十分罪恶及具有毁灭性。但我也告诉他不仅在与他的关系中而且在与他已经故去的反应迟钝的父亲关系中自己的痛苦，这是安德鲁没有考虑过的，在"场景"结束时他陷入深思。然后我们互换角色，我坚持了他的脚本，但他一开始却把"她"表现得更具防御性，后来"她"反而向他表达对他自怜与对他人漠不关心的愤怒。对话持续了不到10分钟，但效果影响深远。

第一次安德鲁试图从他母亲的角度看问题。他仍然认为自己对她所说的话相当地合乎情理，但是承认她也可能有一大堆沮丧和愤怒。怀着敌对的企图以抵消他痛苦的理解，他问我是否找过他母亲谈话并计划好一切。我没有说，其后他们相处得很好，安德鲁从那以后把更多的注意力集中于他自己可以做什么，而不是他父母的过错。

在其他的案例当中，来访者想用新的实验方式处理生活中的一些人和事，一种更肯定的方式，可能表现出更多友好或者用较少的焦虑处理新的经验的方式。展现即将发生的事情是非常有用的准备。一开始与来访者表现出的攻击性作为对比极，要作出更多的声明，但展现允许多种选择进行实验。对来访者来说，表现出友好可能是陌生的，如咨询师可以表现出对某人的兴趣可能会对其作出引导。通过观察获得新的经验以发现那些必要的东西被证明可能比由于焦虑而贸然闯入或紧急逃跑更有效果。

生活实验

正如我们说过的，促成改变的方法之中的重中之重在于实验的态度。除了展现这种很有帮助的途径外，还有很多其他方法。如果来访者对他生活的某一方面或者他们的方式不满意，改变事物的一种显而易见的方法便是通过各种各样的方式去阐述事情可能变成的样子。这可以通过对话、写作、绘画、建构模型、改编戏剧等各种方法完成，事实上，这些都可以扩大或放松来访者的构念过程。显示事物如何变得不同的蓝图一旦形成，那么带来改变的方式也就逐渐形成了。验证实验设计的唯一方法是把它或者它的某些方面放到生活自身行动中去。

这可以有多种形式，从培养新的兴趣或参加新的学习课程这些简单的东西起步，到对关系的综合性重塑。关于后者有一个案例：有一个人有社交障碍，他错过了很多教我们如何交朋友的必要经验。经过一些准备之后，他开始施展在心理咨询时实验的那些观察、行为和技能。这是一个长期的过程，并且期间有挫折和失望。

但在结束时，他从以前就认识的人身上学到了很多，同时揭示了他自己从来没有了解过有关自己的一些方面。这比任何社会技能培训机构都更加深入，因为这在他关于人际关系的总的构念中包含了真正的改变，而不仅仅是改变他的行为。总之，他学会站在他人的立场看问题，并且即使他不能分享他人的观点，他也会认为他们是正当的。

其他旨在改变人们生活方式的实验目标可能包括承担新的责任，可能是新的工作角色。这也同样可能会带来相当大的打击和焦虑，所以需要认真准备。任何期待的新角色或者与人们目前如何建构他们自己是相容的，或者是往人们有关自己的进化的建构方向上发展。这些需要被彻底地探究清楚并使得来访者和咨询师都对其非常明了。尽管人们经常被鼓励要具有冒险精神，但当人们进入一个对之完全没有构念的领域时，没有人告诉他们该如何处理巨大焦虑。

有时候人们对关于失去的经历来进行咨询。如亲朋好友的去世或者离开。由于失业或者疾病，他们的部分生活一去不返。他们实实在在感到自己的生活已经停滞了。这时他们就需要帮助，这样他们才可能过一种与以往不同的有效的生活——没有配偶、没有工作，甚至没有一些体力或脑力能力。这就需要时间和勇气在这种环境里进化出一个新的、完整的自我。已经打下的基础就是在心理咨询中的实验和在生活中的具体实施。[关于用个人构念方法理解不幸的更多细节参见 Neimeyer（1998）]

5 咨询：作为重
新建构的一个过程

固定角色疗法

凯利描述了一个有助于重新构念过程的特别方法，即固定角色疗法。他在相当大的程度上受到了 20 世纪 30 年代的莫雷诺的社会戏剧理论的影响，他的展现及固定角色疗法的发展都可以看出直接来源于此。重要的是要注意到凯利描述的固定角色疗法显示出他的理论原则在行动当中是如何体现的。他不是把它呈现为一种方法。在固定角色疗法描述中他也暗示出在创造和重建他们自己时是如何看待他人的。

这可能是来访者和咨询师共同参与开发的最具综合性的实验。凯利在他工作初期的第一卷用大量的细节详细描述了它，他的想法被埃普汀（如在 1984 年）和他的同事们进行了修订。它的目的是使来访者在有限的时间内经历改变，在咨询师的支持和虚构的面具的保护下尝试新的行为和新的看问题的方法。它让来访者学到使自己与众不同的艺术，而不是把他 / 她托付给某些固定不变的东西。

固定角色概述

准备固定角色的第一步是基于来访者自我性格描述，把性格勾勒写下来。所勾画的那个人的性格不能完全让来访者感到陌生，也不能在一定程度上是他/她的理想人格。这两种性格勾画应该有足够的共同之处以使来访者很舒服地描绘一种新的性格，然而在观念和行为上应该暗含着不同，这可能会是非常有用的经历。来访者的部分核心构念应该被保持，向他/她介绍一些有价值的主题。非常重要的是来访者应该感到这种性格的人很容易被了解。这种实验应该有真正的意义，并且对来访者来说，作为一种帮助他们在自我发展中不断前进的方法是可以接受的。

维诺尼卡来进行心理咨询因为在 28 岁时她突然醒来面对这样一个事实：她没有朋友并且感到她仅仅期盼着孤独终老。她的自我性格描述如下：

维诺尼卡害羞，高度神经紧张，她自己被具有保护性的厚厚的墙围绕着。因此，她更喜欢有很多点头之交的人，而不是拥有关系亲密的朋友。

她对人极其不信任并且宁愿独处或者与小动物相处。她最喜欢在假期里独自一个人待着，隐藏在远离竞争和忙碌的乡村里。

她很安静也很少发脾气，除了在早上她看起来完全像另外一个人。她有一个快速防御机制，这会导致她有时很烦燥并且说话刻薄。

她是一个很好的倾听者，但有时候过于直率。然而，她忠诚、诚实，工作努力并引以为傲。

当她下定决心后是非常固执的，但她也经常会考虑其他人的观点以至于有时会很难作决定。她对生活的态度是只要不伤害别人就可以做任何想做的事情，还有把人和事都看成是偶然的而不对其预先评判，不太在意他人的想法和做法。

我们——维诺尼卡和我在她全方位的构念过程方面努力了六个月，她说在挑战不信任他人方面有相当大的进步。这可以追溯到在7岁时她发现她是被宠爱她的父母领养的。尽管她从来没有怀疑过他们对她的爱，但是她不能原谅他们的欺骗。她开始认为他们在不告诉她这件事上作出了错误的判断，而不是欺骗她，这些改变使她在生活中也对其他人不再那么挑剔。我们发现她早上的坏脾气决定了她一天生活的基调"这真是糟糕的一天"，而这来自她晚上的噩梦，这些噩梦到她来进行心理咨询时只是含糊地记得。我们花了一些时间来揭示这些梦，它们看起来包含了从那天开始就没有表达过的大量的感情。当她逐渐弄清楚它们并可以再经历那时的负面感受时，这些梦减少了，她早晨的心情也得到了改善。

她不得不重新考虑她是不是一个好的倾听者，就像之前，当她聆听的时候，对他人表达的观点她经常会觉得十分挑剔，事实上，在很大程度上对他人是"预先评价"，她远不是把人和事看成是偶然遇见的。她在这一方面的进步已经使她在工作中与他人的关系变得更容易相处。尽管所有这些都需要她在生活中作出更大的改变，也表示出她有意愿参与实验，但一些更具综合性的东西看来得出场了。在她自己的版本中,下面的性格勾勒将要作为为期两周的她要扮演的那个人的性格基础。我们花了些时间给另外那个人取名字,她认为这是给了她关键的东西。

> 詹妮弗是个安静且友好的人,有一个仅仅是点头之交的社交圈子,也有一两个对她而言极其重要的朋友。如果她对他们的言行有任何疑问,她不害怕说出来澄清事实。他们是那种她可以随时联系但在她需要独处时会尊重她的选择的那种人。她总是对他们所做的事情和他们对事物的感受感兴趣。
>
> 她非常喜欢她的工作,并且能认真出色地完成。但她最近花很多时间在休闲活动上,比如在野外观察野鸟、打网球。她不是非常擅长打网球,但是让她惊讶的是,她喜欢的是打网球本身而不在意输赢。
>
> 她与父母一起关爱小动物,并计划在他们的帮助下作为一项全职工作迅速投入进去,练习与他们一起工作。这将会冒着失去她现在工作的风险,但这将为她提供一个她热切希望的新领域。
>
> 詹妮弗并不是非常漂亮,但是她鲜明的着装和活泼的举止使她成为一个具有吸引力的人。

最后一句话是维诺尼卡自己加上去的,因为她感到她需要切实地

5 咨询:作为重
新建构的一个过程

改变她邋遢的外表以帮助她进入新的角色。

我们希望有用的有关性格描画的主要元素是对休闲活动的大力投入，这是她在实验开始之前设立的。她会和已经结识的几个亲密朋友发展更多的兴趣爱好，对与未来从事与动物相关的工作进行细节阐述。她花费了两周的假期去追求所有的这些东西，在这段时间里她回来报告了四次。

她在训练计划、把她自己作为詹妮弗展示给许多预期的雇主方面取得了很大的进步，她以极大的热情展示自己，这比她感到维诺尼卡相信她所能展示的热情还要多。她感到在野外观察鸟类非常愉快，但两周以后她再也不想看见网球拍了，尽管她在假装不在乎输赢方面有很大的收获。可能对她来说最大的启示就是对其他人的想法和感受投入更多的精力非常困难。她意识到她经常打断他们，给出自己的意见或者干脆讲自己的故事。

当实验结束的时候，维诺尼卡把它描述为非常艰苦的工作，但她很高兴她已经完成了。她决定从换工作开始实施，她的父母也非常支持。尽管在第一周她由于缺乏对他人的关注而感到灰心丧气，但这些都得到了改善并且她决定在这方面朝着更进一步的方向发展。关于改变着装是她自己的主意，但她决定部分保留。当她感觉良好或者想提升精神面貌的时候，就像詹妮弗一样打扮；当她想舒服一些的时候，她就退回到穿不那么引人注目的衣服。

在这之后不久，我们都同意结束心理咨询，同时感到她的生活在朝好的方向发展。她经常跟我们保持联系，在一封信里，她说如果在某些特殊的情况下她感到对别人不信任时，她就问自己："詹妮弗会怎么处理这种情况？"

总　结

在这一章里我们尝试着详细地描述了通过个人构念心理咨询带来改变或者重新构建的几种方法。我们集中讨论了改变来访者构念他们自身和他们所处世界的方法，这种方法依据的是我们对来访者来寻求帮助时他们所过的生活的理解。应该清楚的是，这不仅仅是转变一个人想问题的方式。我们强调构念转换的重要性——焦虑、威胁、内疚、敌意，这些所有意识层面的紧张情感都一直作为来访者头脑中变化着的经历的一部分而承受着。正是在行动中，在不同行为方式的实验中，关于事件的新的构念不断被尝试和检验。

在下一章里，我们将会把迄今为止讨论过的想法聚集起来放入一个单独的个体的咨询描述中去。

丽莎的转变过程

6

引　言

人们很清楚，没有一个有关咨询过程的案例能够作为所有理论和实践讨论中众多问题的例证。但是，我们希望展示出一个来访者和咨询师是如何通过探索来访者的情景、她对事情看法的澄清（在意识的不同层次上）、早期实验、评估和进一步的行动计划而在一起工作的。个人构念心理学的理论框架，支配着特定干预措施的选择，其重要性会被强调（正如在前面的章节里，"我"指的是担任咨询师角色的作者——在这个特殊的案例中指的是佩吉）。

与丽莎的第一次相遇

自我转诊的原因

丽莎打电话预约，说她从一个参加过一些我的讲座的朋友那里听说了个人构念咨询。她感觉她最近 "停滞不前"，而且这一方法听起来正是她一直在苦苦寻找的帮助。我大概知道她提到的那个朋友（我的一位学生），我猜想他已经给丽莎关于凯利取向的一个相当公平的判断，所以丽莎可能已经有一些涉及她的事情的想法。（当然，我还不知道，她如何依据她自己的需求构念她听到的内容。）我们确定了一个时间，即下周初，我们认为这对她来讲是一个机会，顺便看看她和我在一起时是否觉得舒服，是否愿意开始接受一系列的咨询。我在脑海里提醒自己要跟她保证，只要她的朋友没有提及，我和我的这位学生之间是不会有任何沟通的。

观测数据

按照约定的时间，她迟到了两分钟，她对我的等待表示道歉，而当我邀请她坐下时她似乎是迟疑不决的。她个子瘦小，心情愉悦，穿戴整齐。讲述她的故事的时候，轻声细语，一开始还欲言又止，而且经常脸红。很显然让她看着我是一件困难的事，虽然她时不时地会朝我瞄上一眼，看我对她所说的事情的反应。由于只是关注且不加批判地接受她不得不说的事情以及努力理解事情对她的意义，我的回应，无论是语言的还是非语言的，一定都打消了她的疑虑。只有在她似乎接下来不知道要说什么的时候我才会提问题，而我坐的位置，如果她想看的话是很容易看到我的脸的。但并不是每次她抬头看我的时候都会正对着我。她的紧张不安随着交谈的进行大大地缓和了。

来访者的故事

丽莎与我的谈话从她是一个教师这个话题开始谈起，她已经工作五六年了。尽管在教室里面她很幸福，也很爱孩子们，但当她与其他工作人员在一起或在社交场合时，她通常感觉非常不自在。我问她能否把这种感觉描述得更详细一些，她说她"非常非常害羞""始终意识到自己"抑郁、孤独，"这一切有什么意义呢？"她显然是因为快要流出眼泪而感到难为情了，但是当我递给她一些面巾纸，并告诉她当事情太多时我们都需要哭出来，她没必要介意在这里表达她的不快后，她的心理负担卸下了。

接着，她描述了自己在学校的严重的恐慌，尤其是在学校的职工会议上。她发现自己会变得很紧张、出冷汗、不能看任何人并有种置身之外、冷眼旁观的感觉。（我之前看到过此类恐慌发作而体验到自我感丧失的报告，但是倾听其他表明她可能遭受比焦虑更为严重的事情的迹象明显很重要。）她从不在职工大会上讲话，而且如果她认为有可能被要求评论一个小孩，她就想要逃跑，但脚却不听使唤无法动弹。因为这些经历，她在培训的时候脱岗休息了一年，在她成为合格教师的第一年后离职，并在一两年前又回到了这个行业。

我评论道，她所经历的听起来非常的勇敢。她非常犹豫不决地说道，她认为她可能是一个好老师。她的大多数同事她都很喜欢，尽管她没有和任何一个人走得很近，尤其是她的班主任，她非常欣赏、羡慕她的自信。丽莎又想要放弃，但又不情愿为新事物作出改变，而且无法正面解释她离开的原因。她感觉她会让一个特别贫困的小孩失望，尤其是当她已经与那个小孩建立了一种特别温暖的关系。这也就意味着再次逃跑。

我问了丽莎其他的生活。她与其他女人合住一个单间，学生居多，而且都比她年轻。她几乎不认识其他人，只有一个除外，卡罗是她最亲密的朋友。她还有其他几位朋友，而且与住在附近的她的三个姐妹中的一个关系非常近。偶尔，她会与她们一起出去，但晚上大部分时间都待在家里，为第二天的课作准备或是阅读。单单坐着与卡罗聊天谈话，她就觉得非常幸福。那样，她非常放松而且也对自己很有自信。我问她，与更加紧张的情况相比，这种感觉像什么？她很放松和开放，爱说话，聆听卡罗的快乐，可以笑着面对变化。

我知道，到目前为止丽莎都没有提及她的家人，我询问他们的情况。她告诉我，除了一个住在伦敦的姐姐，其他的人都住在苏格兰——她的父亲、两个姐姐和一个兄弟。她的妈妈在她12岁的时候去世了。此时此刻，丽莎看向了别处，脸色绯红并陷入了沉默。我轻轻地问她，她是否还记得那个时候。她说她不记得了。她感觉，她妈妈开始喝酒喝得非常厉害，在那之前，她迷迷糊糊了几年。（这只是我们一次简单的初次会谈，我没有进一步探究这一明显具有威胁性的领域。）她认为，她父亲对孩子们的成长抚养负有更多的责任。他"细心照顾"着他们，确保他们衣食无忧，但在管理方面有严格的规则，而且"很遥远"。作为一个小孩，她曾被认为是一个"神经质"孩子而被当作婴儿对待，尽管她比在伦敦的妹妹要大18个月。她没有很多朋友，但在学校往往倾向于依赖一种特殊的关系。19岁的时候，她离开了苏格兰，去接受教师资格培训。她的生活里，还有她认为重要的其他方面吗？"是的——男人！"。我们为这突然愤怒的爆发发笑。但是，对她来说，这明显是一个最不开心的领域，我郑重地询问她，她的经历是什么。她与三个男人的关系遵循的是相似的模式。每一次，为了喜欢的男人，她都可以放弃一切，把自己全部奉献给他，直到她开始讨厌自己变成了"受气包"，而当她感觉到自己会被拒绝时她就会结束二人的关系。似乎每次她都预测到了灾难，而且每次她的预测都得到了验证（一个敌意的明显例子）。直到我问她，她并没有意识到，这些关系结束的时间，与她焦虑发作和事业突变的增加不谋而合。最后一个男人，直到她离开他的两个月之前，她还与他同住一个公寓。

原始草案

当我们谈论了40分钟左右的时候，丽莎瞟了一眼表，脸再次红了。我说，我们还有至少10分钟时间，并问她希望从咨询中得到点什么。她知道她想要的：希望能更幸福一点，不要太警醒，更好地处理事情，做一名更好的老师，形成更好的人际关系，但"首先得理出个头绪"。她不知道的是如何着手处理这些事情。我问她为什么个人构念的方法吸引了她，她说她喜欢个人构念方法强调个人的观点和想法，即如果"你看待事物的方式对你并无帮助的话"，就可能会去改变。与我谈话她感觉很轻松，并想着手开始参加一系列咨询会谈。

她的朋友向她展示了她已经完成了的自我性格描述和评估积储格（详见第4章），丽莎对这二者都很感兴趣。我同意，它们在问题的精确预测方面很有帮助，更加清楚。我建议，我们再开展4次会面，这样可以让我们有多一些时间来探索：她是如何通过这些或其他一些程序来看待她自己和她的世界的，并能理解她可能涉及什么变化。接着，我给了她一些如何写自我性格描述的指示说明（详见第4章），她说她将在第一次会面之前发给我。

在我们走下台阶时，我告诉她我与儿童在一起工作非常快活，并非常期待能听到更多她给全班孩子上课的方法，像我，基本上每次见到他们中的一个都与他们的妈妈一起。以她对自己感到满意的为数不多的几个领域中的一个领域来结束我们的会谈，这看起来很重要。

咨询师的第一印象

像往常一样，我在会面后留了一些时间对我们的会谈进行回顾。我最初对她持有的印象是坐在那里，焦虑紧张，直到她发现我未带任何形式的评价，只是聆听并接受了她的诉说后，她才逐渐变得更轻松地坐在她的椅子上。我有一种强烈的感觉，她对向我敞开心扉仍感到胆战心惊，但由于受进取性的触动促使她告诉我这么多。这得有一个人，我觉得，是真的想要致力于解决她的困难，尽管也担心她自身的不足。这项工作包含什么呢？我做了一些关于诸多因素的笔记，这些笔记本就应该牢记在心，而且可能对转变诊断有所帮助。（见第3章）

利用前语言构念的需要　　看起来丽莎是陷入了一种关系模式（与男性和女性），她因此变得非常依赖一个"最好的朋友"或是爱人。但是，她的敌意是如此这般强烈，以至于她势必处理不好人际关系。这种模式很可能仍保持在一种前语言的构念水平上，我们需要在某种情况下探索她早期与父母和兄弟姐妹的经历，从而发现她为什么不能成为可以成功处理人际关系的那类人。然而，我猜测，从她说话的方式和当提到她父母时会脸红来看，当即会产生过多的威胁，的的确确不适合在探索性会面中进行尝试。此刻愤怒和剥夺的感受来势汹汹，却似乎被怀疑自己以后的人际关系所掩盖。然而，只有将这种经历带至更高的意识水平，她才能够自主地更广泛地分散她的依赖性，精心阐述她的核心角色。

不容置疑的是，她在员工会议上的焦虑体验与导致她人际关系破裂的敌意有关联，这对更充分地探索它们的意义至关重要。是什么让她对这些日常事件如此难以构念呢？让这些经验与过去那些让她无助地去面对的经验之间的关联是什么呢？在这个阶段，我只能构念在她恐慌的强度方面的事情。

潜在运动的领域和进取性的迹象　　积极的兆头是她有一些潜在运动的标志和她积极处理问题的证据。尽管丽莎常常被看作是家里的婴儿，不过她仍离开家到伦敦参加教师培训。尽管她曾两次放弃她的事业，她仍然有勇气重新再尝试。把自己看作一名老师与看作一个小孩相比，是一个积极的指标，而与其他员工相比，她又缺乏相应的角色。她来咨询而不是放弃自己的工作，表明了一种真正"处理自己事情"的决心。得让她意识到，自己确确实实拥有一些资源，这将是发展某些核心角色的重构过程的主要推力。

受约束的领域　　此时此刻，丽莎似乎并不因自身的能力而将自己构念为一个成年人。作为老师她表现得很好，但在其他领域则是无可救药。作为爱人和朋友，她都以小孩似的方式进行交往。从她提及他人的情况看，看起来她对她自己如何在三个领域中生活，可能有一些较为浓缩的看法，并由此发现自己缺乏经验。正如她与很多年轻人一起，生活在一个房子里面的一个房间一样，这给了她一些证据，即自学生时代开始她便一事无成。她贫乏的社会生活和有限的兴趣必定增加了她的不足感和束缚感。

不同领域中使用的建构类型　　当丽莎说起她与孩子们的工作时，她对他们的知觉表现出了充分的识别力。然而，当她谈起老师们时，她的构念变得越来越紧张和狭隘：自然而然地，他们自信、聪明、人缘关系很好。社会情景对她来说，尤其是处在一个大群体中，被认为几乎完全可以从焦虑和威胁的角度来考虑，这也是他们对她持有的印象。有关她家庭的消息焦点主要集中在依赖问题上，而关于她的评论则把她牢牢地置于构念两极中非偏爱一极，只有少数例外。我们可能需要在这些领域放松她的构念。但是，我不得不把她的构念涵容得更好，以发现这样做的手段方法。

记住这些印象，现在我需要在我们已经约定好的 4 次课程期间对支配她的人生观和她对事件构念的过程的重要主题进行更系统的探索。只有这样，才可能使第一次过渡性诊断的构想更加严密。

探索丽莎的世界

自我性格描述

在我们再次见面之前，我从丽莎那里收到了以下一份人物速写。

丽莎今年 28 岁，是一名老师。她个子不高、微胖，并不协调，也并不是很有吸引力。她很敏感，很容易因人们所说的话而心烦。她不喜欢接受批评，在面临这种情形时具有很强的防御性。她并不喜欢让人们感到难堪或不高兴。惹人生气让她感到不安全。

她作出了许多关于如何做人和待人的决定，但是从来没有遵循过它们。她向人们倾诉太多，然后又会后悔。她发现告诉人们自己想要什么以及终止她不想做的事情是很困难的。她花费大量的时间向人们，尤其是那些她不熟悉的人道歉，为自己寻找借口。

她不喜欢向人们展示她个性中不好的一面，并试图向她的朋友们隐藏不好的一面。但有时候她会显示出她的自私，而她并没有意识到这点。

她是自我取向型的，但不是因为她认为她自己有多重要，而是因为她觉得人们无时无刻不在评价她。她很容易脸红——在工作的同事们当中以及她不熟悉的人群中，她会恐慌，相比女人来讲，在男人中她也更容易恐慌。她喜欢通过自己的努力工作来让同事和同行们感到高兴。她工作的大部分时间她都很享受，但有时候，她会意识到自己的常识和观念并不是很好。

她在与她的亲密朋友相处时可以变得很快乐和有趣。她发现酒精可以让她在陌生人面前更放松、外向。

她对朋友很友善，也乐于助人。当他们对她的意见表现出欣赏和重视时她常常很高兴。她喜欢做一些有趣的事

情，当人们需要她时她也很高兴。她有时候也会自我感
觉良好，但这种时候很少见，而且取决于她当时生活中
的很多其他事情。有时她喜欢自己单独一个人，但只是
在熟悉的环境中。她不喜欢改变，这是当她正视自己、
清晰地看到自己的不足时所呈现的状况。

丽莎自我性格描述的分析　这一速写既验证了一些我的第一印
象，也让我更加理解了她到底是如何看待她自己的。同时，它也
触发了很多我需要记住的问题。

正如我们之前说的（见第 4 章），凯利建议我们通过查看开放和封
闭的句子来开始我们对自我性格描述的分析。在这里，丽莎从解
说她的年龄、职业和面貌开始——她"不是很吸引人"。她以害
怕改变和不足感结束。总而言之，从内到外，她对自己的评价并
不高。

许多重要的主题开始出现。她有一种被评价的感觉。她希望能取
悦别人，害怕招惹他们。这只是验证了她把自己构念成了一个不
足的人。她做出很多决定但又不能够自始至终地遵守它们。（这适
用于她接受的咨询吗？）她告诉人们很多关于自己的情况，但却想
要隐藏自己个性当中不好的一面（可能她对给我讲述这么多也感
到后悔了）。尽管能说一些有趣的讨人喜欢的事情，偶尔也会自我
感觉良好，但在缺陷占据主流的情形下黯然失色。有趣的是，她
很少愤然抨击同事会议。也许她只是在那一刻简单地将它们构念

为象征着自己无助的一般感受，而无法进一步地详尽描述它们？

丽莎并不将自己置于一种特定的情景下或是将自己设定为某一特定角色，用"朋友"或"同行"称呼他人而不是用特定的人。这似乎是强调孤立感和我从她生活中感觉到的构念。第一次见面，她并没有提到她的家庭或她过去的生活和她说起的后面的关系。或者她主要关注的是她的现在，或者当她讲起她的过去时，在现阶段看起来可能因太恐惧而难以承受。她目前的世界观可以简化为她的缺点和他人对她的假想性回应。

当丽莎来参加我们四次探索性课程的第一堂课时，她马上就问她的"作品"我们是否已经收到了，"作品"的内容是否是我想要的。我对她留出这么多时间让我浏览她的"作品"表示感谢，并说它很有用。我们又一起浏览了一遍她的自我性格描述，并对里面陈述的主要问题达成了一致。当我问上一次她告诉我那么多事情她是否感到后悔时，她说"不"，事后她感到很安全并重申了她当时表现出的宽慰感。她自己认识到她并没有提到她的家庭，并想知道她是不是应该去做。正如之前所料，她谈论她的父母时有一些害怕的感觉。我向她保证，不会给她任何压力，她解释说从很早的时候就有关于母亲温暖的回忆——就好像是她已经完全清除了她母亲去世前那几年的记忆一样，那几年她都不是她自己，而且她显然不希望在这个阶段重新翻起那些令她感到伤心悲痛的记忆。事实上，后续的事件表明，很长一段时间，对于如何诉说她对她母亲的感受，她并没有作好心理准备。

一个评估积储格

现在，我想要以更加结构化的方式探索丽莎构念的过程，所以我提出我们需要开始观察通常她是如何看待人们的以及如何看待她自己的，沿着凯利给他的来访者介绍的方格程序，第4章已有引用。丽莎对此非常热情，因为她的朋友已经向她展示过方格技术。在第一次课程快要结束的时候，我们主要通过前述三元素的方法开始引出构念。第二次和第三次会面主要致力于构念的进一步导出和形成阶梯，同时，丽莎详细描述了她对朋友、对家庭和对出现在她生命中的男人的关系的看法。

她选择她的3个姐妹（爱丽斯、凯特和玛格丽特）、她的哥哥（约翰）、她的父亲、她目前学校的女校长（安吉拉）、她的4位女性朋友（卡罗尔、托尼、简和克丽丝）和她的前男友（雷）作为元素。为了确保覆盖一定范围的人，我请她选择一个她感觉有歉意的人（保罗）和一个她觉得不易相处的人（贝丽尔）。我建议她再选择一位她崇拜的人时，她说安吉拉就是她最崇拜的人。一个她知道他想要什么的人就是杰克。而且，澄清她想要作出改变的方式看起来很重要，她同意包括"现在的我"和"想要成为的我"。一开始，她并不希望包括她的妈妈，后来在我的建议下才同意这样做，理由是假装她不存在似乎是错误的。

部分构念已通过前文所述的三元素法引导出来了，其中一些被用来形成阶梯。一到两个是从她的自我性格描述中抽取的，而且，无须惊讶，其中一些在两种情景下都出现了。对构念进行七分制评分，丽莎没有困难，尽管她在给出负面评分时有些犹豫。她不喜欢评价人们，至多喜欢评价她自己，正如她自己所描述的那样。通过第四次会面，我利用在第 4 章中简要介绍的希金博特姆和班尼斯特的 GAB 项目分析了积储格，我们可以看到，构念和元素都根据它们彼此的关联性分了组。

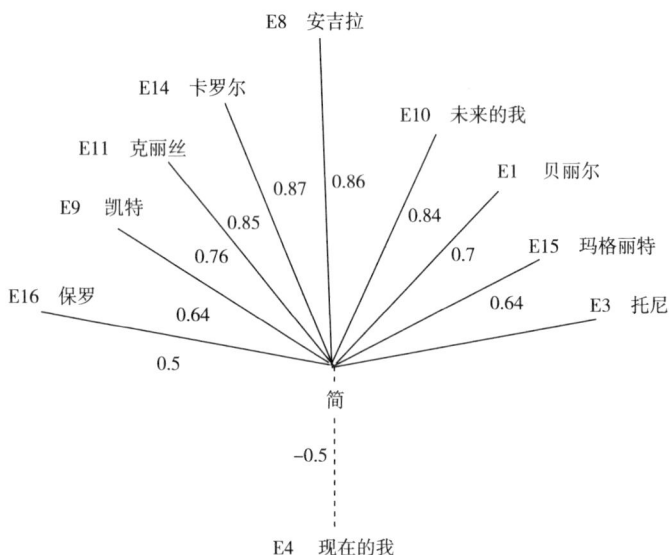

图 6.1 丽莎方格中的主要元素

图6.1展示了丽莎方格技术中主要的密切相关组中的元素或人。她很惊讶地发现"简"是作为一个主导元素出现的，因为她并不是丽莎认为的她最熟悉的朋友。我问她，"简"的出现是否表示其最显著的品质是这一组人的共同之处，这对她可能有用。可以看到的是，她的一些朋友、姐妹中的两个和她的女校长"安吉拉"与"未

来的我"高度相关。(数据显示了这些元素与"简"之间的相关性)"现
在的我"被认为与它们有着显著的不同。例如这里面的"现在的我"
与"未来的我"之间,在生成沮丧的人们的积储格中发现了可观的
距离。她在讲述她的故事的时候,以及在她的自我性格描述中所传
达出来的孤立感在她的积储格中被显著表现出来。而且,丽莎对很
多人的如此积极正面的构念看起来好像在起着贬低她自己的作用。

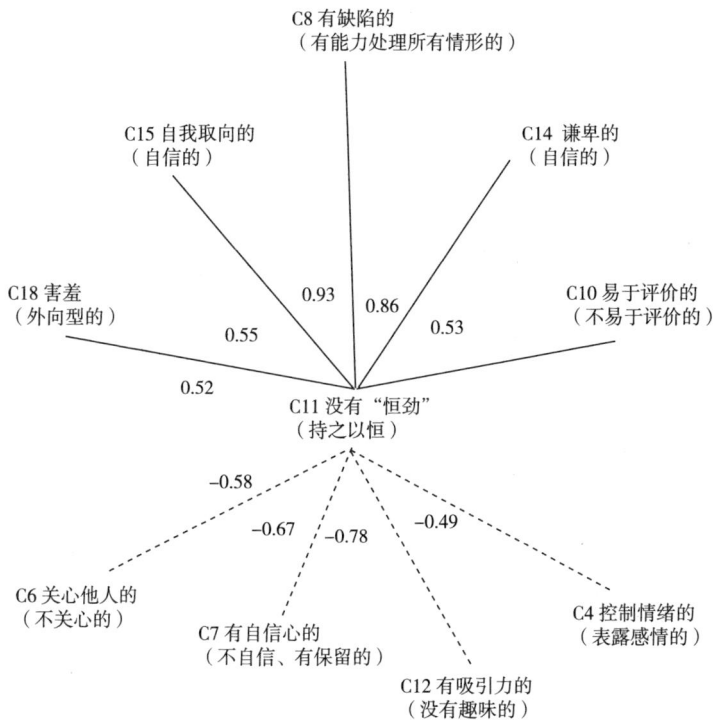

图6.2 丽莎积储格中的主要构念

图6.2展示了丽莎积储格中构念的主要的组。其中最主要的一个

构念，没有恒劲与持之以恒相对立，是包含大量与其高度相关的其他构念的一个构念，无论是正相关还是负相关。用心理学的术语来讲，丽莎认为，没有恒劲的人（那就是丽莎自己）也就是那些自我取向的、害羞的、有缺陷的、谦卑的、对评价敏感的人，是漠不关心的、缺乏自信的／有所保留的、太易表露感情的和不会逐渐变得有趣味的人。

这些就是在我们第四次会面期间与丽莎讨论的方格技术的主要方面。她发现，这些都是"意料之中"的，但对自己在哪里和需要向什么方向努力已经很清楚了。用她的话说，这实际上就是她的"糟糕的自我形象"和需要更好地谋划她的生活。她非常想要继续进行咨询，虽然我不能确定"到底需要多长时间"。我建议我们每周合力工作一次直到夏季学期结束（那就是12次课程），然后评述那时的情形。丽莎对我的建议感到很高兴。

过渡性诊断

现在，我感觉我们处在一个较好的位置上，在构想过渡性诊断的过程中，我能够紧缩我对丽莎的自我观和处境观的构念。这将成为我们初始工作的基础。我再次发现做笔记对澄清、理顺我的思想很有帮助：

> 丽莎陷入了自我构念的发展方式的困境，这使得她显得与众不同。从某种意义上来说，这个系统在本质上可以

凝缩成："我是丽莎，所以我只能够……"她建立紧张关系的企图可能被看作有敌意的。它们只能失败，因为她将无法应对它们的成功可能导致的威胁和内疚。

就这一点而言，她的问题与特里克斯贝尔的问题非常相似（见第2章）。但是，他们在一些主要方面也有差异。特里克斯贝尔的问题基本上处于前语言层次，集中在依赖和在纷扰不安的关系以及心理症状中表现出来的问题。丽莎的问题可以看作是开发一个"自我"两极构念失败的有用例证。她只在她的构念系统的一极中详细阐述她自己，所以她自绝了可以回旋的空间。

她在同事会议上的恐慌可以被看作是一种意识，即她需要将所有的技能充分发挥作用，但这种意识使她只能面对"虚无"——她无法将自己构念为那种可以像别人一样处理问题的一类人。

前进的道路有三级。①改变她自我构念的性质，从凝缩性的到建议性的（从她目前的严格死板、对自己不变的观点到可以让她视野更广阔且更具潜力性的）。②在她的构念系统内着力于那些不一致的东西，以帮助维持现状和防止恐慌的发作（第1条和第2条涉及鼓励放松）。③同时，帮助她详细描述她可替换的自我，及与此相关联的核心角色。当这些都做了，她的恐慌症将会下降。

6 丽莎的转变过程

到目前为止，在丽莎维护她的位置所伴生的敌意中，一种必不可少的要素明显需要降低。在第5章中针对这个过程提出的建议与上述目的密切相关。随着她的自我构念的放松，不一致的澄清，另一个自我的详细描述，在他们恐慌症最严重期间混乱的感受将会让位于更多的可控感，让她更开放地去抓住积极探索的机会。

咨询过程的第一阶段

澄清丽莎的构念

在着手实施一个涉及他人的行动计划之前，丽莎构念的有些方面需要进一步澄清，因为他们显然有助于达到她实现自我的状态。似乎有一个或两个可能的困惑或矛盾会被有效地解决，一个过程，就其本身而言，应该为温和的初期放松提供途径。

首先，我们更加小心地审视她封闭之于外向、开放的构念，因为她此处似乎还有反复性的问题。利用 ABC 模型，一种进退两难的情景就出现了。

佩吉：你更喜欢哪一个，封闭之于外向和开放？

丽莎：实话说，外向和开放。

佩吉：你为什么选择那一边？有什么优点？

丽莎：好，那么人们接受你。或是他们更加有可能。

佩吉：那么封闭到底有什么缺点？

丽莎：如果你是封闭型的，人们没有时间去了解你——所以——所以他们不接受你，不是吗？

佩吉：你能想起一些外向的和开放性的人可能的缺点吗？

丽莎：（经过长时间的停顿）人们能够了解你，并对你作出评论。

佩吉：封闭型的人有优点吗？

丽莎：如果你是一个封闭型的人，不可能对你作出更多地评论——他们看不到你是什么样子。

这些可以总结如下。

	封闭型	外向开放型
A		
B	（缺点）	（优点）
	人们不愿意花时间了解你	人们接受你
C	（优点）	（缺点）
	人们无法过多评论你	人们了解你并评论你

根据丽莎的理论，那么，如果你是开放的人，你就会被评论；如果你是封闭型的人，人们就会忽视你。尽管她一开始选择外向的、开放的，但是被"了解"可能导致难以忍受的焦虑。

前语言方面的焦虑

我问她是否可以将此焦虑与她在同事会议上恐慌发作相联系。她并不能立刻建立一种连接，我鼓励她尽力回忆他们起初在她的印象中像什么。她回想起在她母亲去世的前几年她自己的初中生活。她有一段某位老师对她嘲弄的痛苦回忆，这位老师似乎持续不断地"评论"她的胆怯与爱哭鼻子。她记得她被罚站在椅子上，因恐惧和屈辱而僵住不动。她觉得她不能将这些告诉她的妈妈，她的父亲距离又远，而她的兄弟姐妹们一再重申她还是个小孩。

给予丽莎更多的空间让她反思这些事情看起来很重要，我们沉默地坐了一会。我感觉，她在目前的学校经历着那个被吓坏了的孩子的无助。当被要求做一名能干的成年人时，她受到"迫在眉睫的综合改变"的感觉的威胁。她也被焦虑裹挟压迫，以至于无法理解到底发生了什么事。如果在这些时刻她感到她被"了解"了，就好像是某个愚蠢的人，向人们展示她的无知，对孩子们漠不关心，简单地说就是一个"坏"人，不适合做一名老师。短暂停顿了一会儿，我把这个作为一个可能的解释给她讲了，她说"感觉对了"。当她知道同事们对她了解过多的话，这种担心里会存在一些敌意，但在这个阶段，她真正有意识地相信自己几乎在每个方面都存在不足。仅仅敏感而不考虑她对其他人产生的影响，看起来可以救她。

这种构念似乎也是我们探索路上的一个陷阱。看看她撰写的自我性格描述的第一段，可以清晰地看出，敏感性有两层意义：意识到他人的感受并希望不要伤害到他们；她自己很容易生气的倾向。第一是她对自己的评价；第二是她发现没有任何用处。所以，将两个构念分开似乎很重要。她做到这样是通过发现高度敏感性的一种新的对立面，她把仅仅与她相关的敏感性的类型重新贴了标签。她可能有许多替代性的选择。她认为脸皮厚的，她不喜欢；粗暴的，也好不到哪里去。我问她，是不是没有什么东西能让她不易受伤害。她说，能够管理伤害看起来是将要致力去做的事情。这并不仅仅是一个智力练习问题。丽莎晚些时候在学校作了测试，发现她有一些资源，如幽默可以帮助她更好地处理可能受到的伤害。

迄今咨询师的角色

尽管我们已经谈到了，个人构念咨询方法的实质就像合资企业中的"伙伴关系"一样，但非常清楚的是，关系本身会随着其他变化和增长而变化和增长。在一系列进展中反思我们自己的角色是我们工作中重要的一部分。在这个阶段，丽莎比后来从我这里获取指导时更加具有依赖性。我把她的注意力引向她构念中的不一致，选择我们可能致力于从事的领域，小心接近那些对她威胁最少的人。在这些早期的会面中，根据我对她遭遇的人际交往方面的困难和她所拥有的资源的理解，我提议了可能的行动方案。她需要时间和鼓励，来发展和相信她自己的创造力。但这毕竟是一个"好"品质，因而不是"她"的。

准备好与她相关的会面。首先，需要我尽力从她的话语中、她所写的、展示出的前语言行为中进行预测，她做什么样的实验会发挥潜在的用处。例如，对我来讲，通过把重点放在更多区分事件和人的观察开始，而不是让她仓促地进行改变自己的行为是很重

　　　　　　　　6 丽莎的转变过程

要的。详尽描述生活中新角色的任何尝试都需要以对她更积极的评价为基础。目前，我不得不接受她对自己一生中的脆弱和依赖的构念是真实、正确的。

第二阶段：行动计划

除了上面澄清的一些问题，丽莎觉得自我性格描述和积储格一起给她了一个清晰的印象，即她是如何看待她的情景，以及我们是如何制订第一个实验计划的。这个阶段似乎有 3 个领域需要我们开展工作。

1. 使她那些与他人相对而言显得消极而浓缩性的自我构念更有变通性，例如，鼓励她对自己和他人的为人处世作出更可变的预测。

2. 探索一些关于她的"自我"构念中的非语言领域，以便发现恐慌的替换者。

3. 详细阐述自我的可替换的方面。

构念他人

在第一个领域，我需要帮助丽莎更加充分地构念他人而不是试图提升自己的形象。这并不是强迫她把她所有羡慕的人都从他们的神坛上拉下来，而是要询问他们是否是全能的非人类。这不仅需要考虑他们是如何自信、应对自如和外向的，而且还要考虑对他们使用更宽泛的构念。从他人的角度去看，她在可以扮演更有效的社会角色之前，她需要发展更大的社会性（构念他人的"建构过程"）让她的脚穿上别人的鞋子。我请她给许多人撰写过人物速写，想象他们处于不同的情景下，当她思考的时候，她能够说他们偶尔也会感到心神不宁、局促不安，甚至有时候在某种程度上是自私的。尤其在脆弱性方面，她意识到那位女校长——安吉拉，她非常羡慕其做事始终自信而有能力的那位，可能会受到伤害。我请她写下她的速写，就好像是安吉拉在写她自己的自我性格描述一样。

> 大多数人都认为安吉拉是一位有能力、自信和开朗的人，对劳神费力的工作做得很好，同时还能够经营好一个家庭。她很有能力，但她的自信并不像她表现的那样坚不可摧。尽管她广纳言路，但还是可能会受到家长的伤害，例如，或当某个员工似乎想要阻止她为了改进工作而提议的某个计划。
>
> 她与史蒂芬的婚姻非常幸福，但是有时候她希望他意识到她偶尔也需要支持和安慰。她花了很多时间聆听他诉说对工作的担心。尽管他对她事业的成功非常骄傲，但他并不真想知道她在学校的日常活动。那些活动可能令他厌烦。但是，他很有爱，而且她知道拥有他是她的幸运。
>
> 她想要拥有她自己的小孩，但是担心可能有点迟了。

　　　　　　　6　丽莎的转变过程

这份速写表明，丽莎很细心地观察了安吉拉，并感受到她可能有困难的一些领域以及她与她丈夫之间的关系并不是十分完美。不过，我在想，她对安吉拉感觉她自己"很幸运拥有他"的陈述是否并不是通过她自己的构念系统给予的解释，当被质问时，她同意了。她补充道，她不知道安吉拉是否想要她自己的小孩，不过她可以确定的是，此时此刻她正在谈论她自己。这种认识对于获得更多的社会性似乎很重要，这可以帮助她看清人们可能是什么样的人。她确实成了同事和朋友们当中的一个敏锐的观察者，而且越来越不倾向于把自己置于他们的对立面。随着时间的流逝，这样的效果会使得她能够和其他人一样，以一种更加开放和可变的方式来构念自己。

体验焦虑

或许，丽莎最困难的任务是改变她在学校会议上经历焦虑的方式。能够记得所有这些年所经历的东西赋予了事件某种意义——受惊吓小孩的孤立无援，她感觉她仍然处在害怕被了解的情景中。然而，在某一个地方，有另一个自我——一个孩子拒绝站在椅子上哭泣，一个成年人为自己站了起来，而不是以逃离这种关系的做法来代替沦为受气包的地位。如此威胁另一个可能的自我的是什么？我怀疑，这可能与她对她的父母、她的兄弟姐妹、那个折磨人的老师、她的爱人的愤怒有关，那个时候她发现太害怕而无法表达，宁愿选择听天由命。既然还有如此多的未知的早期经历，将在学校情景下的任何变化的影响限制在那个单一的背景下是很重要的。

因此，我们将讨论聚焦于她害怕"老师们"的一个重要的原因是作为一个小孩在学校所受的羞辱。当我们再次谈起那个女人时，她能承认她心里对她仍有种"仇恨"的东西。她更充分地构念她同事们的努力，使得与他们的联系尽可能地真实而生动，切情切景。当她在教室的时候，她已经对自己作为"一名好老师"的概念有了自己的想法。在教研室那样的环境里，她还能是那样的自己，不管怎样，同样关心孩子们的福利吗？当我们讨论这个的时候，丽莎说在这些场合下她从来都没有想过孩子们，她好像又"回到了过去的年代"。她将尽力"保持住她作为教师的角色"。

首先，我请她将注意力集中在倾听别人是怎么说的，而不只是试图参与其中。这确实困难，但是她将意识的聚焦点从她身上转换出去的努力开始取得成效了。通过倾听，她开始试图判断他们是如何感受他们讨论的问题以及他们如何看待事情。这让她进一步从完全关注自己中脱身出来，逐步开始自发地参与。一天早上，她知道我们将要讨论的小女孩是她结交的朋友，尽管害怕，但是当进行时她是如此关心她的个案以至于她"忘记了自己"，并且讲得相当详尽。

丽莎的经验在这里发生的变化在本质上从一种极端收缩感（焦点收缩），她能够构念的地方就是她的恐惧的生理感觉，到逐渐扩张感（视野的拓展）。她不仅能够扩大她自己的感知能力，还可以将其他人带进她的关注范围内。在一种紧缩状态，她所能够预测的是迫在眉睫的"倒塌"。接着，总体上对情形的把握更加清楚后，她能够在理解发生了什么事情的基础上作出预测和回应。

人际关系：表演的使用

伴随着这些实验，我们开始观察那些她更加依赖的人建立关联的替代方法，比如她的男性和女性朋友。在我看来，如果没有进入她与她父母的人际关系中，那么我们不可能进展得很深，而她确实开始更多地谈论她的父亲。很明显，她对她父亲与他的孩子们之间的距离感到遗憾，而且想知道如何才能够接近他。起先，她不知道该如何与他谈话，所以我们通过表演尝试了很多接近他的方法。通过角色互换，我们每一个人将她自己和她父亲在同一个"场景"中饰演，她能够从这些对话中着手开始探索对她自己的威胁性并获得一些了解，即当她站在他的立场时他可能会有何感觉。在我们的第一次尝试中，她恳求他的安慰，祈求他能够与她讲话。像丽莎一样，我表达了一些愤怒和伤害，她可能已经感觉到了，并且她逐渐能够做同样的事情。

她尽可能地多回家，并努力与她父亲谈论过去的事情以及当前所发生的事情。显然，他不愿意过多地谈论她的母亲，但是却跟她说了一些她母亲死后他是怎么样的。尽管她觉得能够理解那对他而言是多么的困难，与此同时，因被姐妹们看作是小孩以及被父亲的忽视所带来的愤怒情绪，比我们表演期间更强烈。起初，她发现这很痛苦，因为它似乎意味着在审判他。但是当她能够接受她早期对他的情绪以及她当前对他的理解这一事实时，她发现她获得了解脱而不是威胁。

对到底发生了什么事情的紧张构念

这项工作大约花了3个多月的时间。在这个阶段，在取得这么多进展的情况下，我感觉通过反省她自己，来紧缩她的构念是很重要的。避开上文已提到的发展不谈，我和丽莎精确找到了一般扩张和侵略性的迹象（拓展她的看法的可能性和增强她的体验的积极举措）。她计划搬出她的单间配套，和她的姐姐合住一个公寓。她和她相处得恰到好处，但是她们之间肯定有意料之中的困难。她还决定在一所新学校申请一个职位，并要承担更多的责任，因为那里的小孩通常都是来自混乱不安的环境。她很想获得那份工作，但她知道她将会冒"被评价"的风险，而她可能要应对拒绝。她开始更多地草签社会合约，而不是等待被辞退后独自离开。我们花了一些时间来考虑她如何更加广泛地提高她的生活，结果她夏季报了一个语言学习班，并希望在秋季参加一个羽毛球俱乐部。

对她来讲，所有这些威胁中一个最突出的真正的威胁是与她尚未解决的依赖问题有关。如果她离开那个房子，与她姐姐同住，她会与她的朋友卡罗尔疏远吗？她已经妒忌卡罗尔与另外一个女孩之间的关系了，感觉如果搬走的话，她会从卡罗尔的友谊中被驱逐出去。丽莎带着羞愧说出这些妒忌和占有欲，以及早些时候与男朋友有关的妒忌。在学校，很显然她总是有一个特别亲密的朋友，也总是在某个阶段"失去"她，这给她带来了巨大的痛苦和抑郁，甚至在 7 岁时就如此。在这个阶段，威胁很容易被确认，但很清楚的是仍然还有未完成的业务。

短暂的暑假休息后，秋季学期我们每隔三周见一次面，来巩固她已经取得的变化。此时，焦虑袭击已经成为一件过去的事情了，她搬进那个公寓和她姐姐一起住，并能够很好地处理失望。新学校并未给她提供职位，她对自己能接受这个问题感到很惊讶。尽管非常遗憾，但她似乎并没有感到被拒绝，也没变得沮丧。事实证明，她在她自己的学校得到了提升，这使得她感到最终她能够"持之以恒"。

在这个阶段，我们都觉得休息一下是很有益的。很明显，在依赖领域仍然还有很多工作要做，但是，此时对她而言似乎更适合做的是开发到目前为止独自依靠自己所做的事情。当她需要或是感觉已经做好了准备着眼于其他问题时，她会与我联系。

第三阶段

6 个月后，丽莎与我联系了。她计划为自己购买一套公寓。她能单独对付吗？她已经申请了一个地方为失调的孩子们上一门课程。

她能够坚持这么做吗？她与男性发展了一段或两段友谊，但是感觉害怕投身于另一段亲密关系。同时，结婚和要小孩的愿望非常强烈。她父亲的身体出了一些问题，而且已经病得很重，她不知道自己该怎么办。当有关她自己新形成的构念被测试的时候，很明显有很多威胁。

评估变化和进一步行动的可能性

我们同意在这个时候做另外一个积储格，看看丽莎现在的进展和下一步可能发生什么变化是有用的。她是否应该减少陈旧的构念去作一个更直接的对比，或是推出更多的构念来表明一种不同的变化是有争议的。她选择了前者，但是对那些自从去年才开始认识的人们而言，她替换掉了一个或者两个元素。

相比"现在的我"的评分，我们发现两个积储格之间有相当大的不同。在第二个积储格中，她在相当多的构念中将自己评定为是讨人喜欢的，虽然在它们当中处于中点，显示她正处在转变之中。她认为自己是不那么敏感，很大程度上是归功于之前她对自己的过敏症所做的工作。此外，尽管她开始质疑是否如此尽力不惹恼别人就是一件好事，因为他们也有幽默感并能够应对。她不易受到伤害，更加自信，也不那么害羞。"现在的我"和"未来的我"的相关性是正向的，而不是呈负相关的，尽管相关系数很低，只有 0.39，她仍然有一段路要走。"未来的我"，她感觉重新测试会更加"现实"。

6 丽莎的转变过程

此时写的另一个自我性格描述强调了这一切。与第一个速写以她害怕变化结束不同，第二个速写的主题思想就是详细阐述她觉得自己已经改变了多少。她已不太容易感到沮丧，更易和同事们相处，拥有了更广泛的朋友圈。她对自己作为老师这样一个角色更有信心。她表达了她对父亲的担心，但指的是为她自己的计划和继续推进的需要。

咨询师的角色变化

毫无疑问，在第二阶段，丽莎为我们的工作带来了更多的资源，而我的角色也因此改变了。当然，相比她而言，我仍然处在一个更好的位置以关注她构念的不一致。有几次，在她痛苦的时候，通过抵制"母亲般"的照顾她的诱惑，我能够确认她认为自己是一个成年人的感觉越来越强。但是，她现在可以把对当前事件的反应和过去的经验联系起来了。她可以预测可能的困难并在面对它们的时候，能够做出更有效的选择。她更加积极地参与起草一个新的行动计划。

新行动计划

目标是：

1. 通过详细阐述丽莎的期望和计划来减少独自生活的焦虑，从而使事件更具预测性。

2. 通过详细阐述期望和学习计划，减少新课程中的焦虑和威胁。

3. 进一步探索"自我"的非语言方面，更全面地强调她的基本依赖问题。

这些目标并不是按顺序完成，而是与它们正面遭遇时确保在两个月内逐渐并同时完成。

最容易解决的任务是她对独自生活的害怕。她与姐姐合住，她姐姐却过着一种非常不同的生活，这种生活与其朋友大不相同，这些证明她可以自己计划事情并能与自己的朋友相处。我请她不仅要预测她能够做的事情，还要预测如何获得她想要的新公寓的细节情况。我建议她利用绘画和语言描述，丽莎很喜欢。所有这些已经产生了影响，让她能够认清此举的含义，并摆脱大量孤独的威胁。事实上，她决定她将要让自己变得"自私"，不再讲任何重要的事情，这与她和最后一任男朋友在一起时的分享形成鲜明的对照。她变得很有想象力，同时又有很现实的想法，她明显对建立新家感到很高兴。孤独的问题已经没有了。她开始享受娱乐，并享受独处的生活。

她害怕无法坚持完成课程似乎主要与她怀疑自己的学习能力有关，而我们通过在课程开始之前设置阅读相关学科的课程来解决这一问题。她也参加了当地夜校的一些讲座。当她在秋季学期真正开始那个课程时，她调整得很好，一直坚持到她获得了新的资格。

她父亲不断增长的依赖性问题对她来讲更难处理。虽然已经对她早年有关父亲的体验有了很好的理解，他的变化给他们之间的关系带来了一些新的情况。她父亲大病一场之后，她感觉他越来越充满孩子气，非常期望她的女儿们，尤其是需要丽莎花费更多的

　　　　　　　　6　丽莎的转变过程

时间在家里并为他打理一切事情。丽莎很乐意承担她的份额，她妹妹明显缺乏兴趣和她姐姐找借口（刚刚结婚）不想承担过多，都让她很厌恶。事实上，她因她自己大量、彻底的负面情绪而感到非常沮丧，想知道她是否已经成为一个非常邪恶的人或是这些年以来是否一直在隐藏自己的这种感觉。她嫉妒她已婚的姐姐，对她的父亲的行为非常生气，并开始质疑她母亲的不幸和堕落的缘由。这需要忍受太多。

放松的威胁

面对这一切，丽莎明显紧缩了。

尝试一些温和的放松几乎正当其时。在咨询会面一开始就安排了消遣娱乐，她在晚上回到家时将此付诸实践。这使得她能够以更加开放的心态面对她父母的早期感受，以及第一次开始记得她的梦境。在这些梦境当中，部分显示她母亲是她父亲有些不近人情的受害者，部分显示她自己并没有被她父亲好好对待，而最坏的是，她父母对她都是冷酷和不屑一顾的。只有一次，她觉得她站起来捍卫自己，对他们表现出了愤怒。在其他梦里她都是哭泣着醒来。丽莎因这些梦境而非常沮丧，经历过一个相信它们才是 "事实的真相" 的阶段。她开始对我有点生气，一段时间内看我就好像是某幅冷酷的父母画像。在一次课程期间，她宣布她自己已经精疲力尽，但她想应该咬紧牙关，返回苏格兰，以照顾她父亲的余生。这才是她值得做的。可以理解的是，丽莎已经退回到了一个敌意的位置。她有充足的证据证明她一点也"不好"。

尽管这对丽莎来讲是一段困难的时间，不过她的变化看起来并不是那样令人担心。我抵制住诱惑，并没有通过将她转移到一个"安全"区域来保护她免受威胁，因为我觉得她现在已经可以足够正向地阐释自己可以处理好它。看起来她已不再抑郁和固化，现在她已经充分经历了之前没有接触过的很多情感，并能积极地承担表达它们的风险。但她需要再次紧缩到一定程度，以便可以继续前进。她处在一次重要的选择时刻。

佩吉：这或许是你所遇到的所有选择中最困难的时刻。我们能否只是看看你的选择到底是什么？

丽莎：那可能有帮助。

佩吉：你可以回到苏格兰，和你父亲一起生活并照顾他。那对你将意味着什么？

丽莎：从头再来，我想。那个无私的——受气包。

佩吉：那样不好吗？

丽莎：是的，不好。我不会走回头路。

佩吉：好的。接着你可以完全撒手不管，去过属于自己的生活。

丽莎：我感到非常愧疚。他是我的父亲，当母亲顾不过来时他对我们尽心尽力，做得很好。

佩吉：有没有什么其他办法呢？

丽莎：天晓得。

佩吉：我在想为什么这一切都落到你的头上。为什么你会觉得你不得不承担起所有的责任。

丽莎：我想是因为我一直都无法承担责任，现在到了该我承担的时候了。我不能一生都像是个小孩子。有时候我必须成长。

佩吉：没有其他成年人参加吗？你的姐妹、你的哥哥、你父亲自己？有没有人知道他真正想要什么？你认为他知道吗？

丽莎：可能不知道。

佩吉：你没有更好的发现吗？即使他不知道他想要什么，你也可以再想想在这一切中你应该分担什么。

丽莎决定把她父亲接到伦敦，在她妹妹的帮助下照顾他。他不知道他想要什么；他只是觉得女儿们"亏欠"他什么。他迫不及待地想要回家去，尽管他现在住的地方实际上环境肮脏、暖气设施破败不堪以及屋顶漏水。带着挫败感和悲伤，丽莎召集全家人一起，出色地组织大家制订了一份责任分担计划。她们又重新修缮了房子，使其可以继续居住，她们提供给她们的父亲一张轮值表，大家按照轮值表轮流照看和拜访。这似乎使他感到公平了，事情得到了妥善圆满的解决。

构念依赖

这仍然在丽莎的母亲那里留有依赖领域，看起来也牵涉到她后来的人际关系。通过她的梦境，她更触及了她对她母亲的感受。它们显然是矛盾的，即在感觉被剥夺了爱与关心她母亲可能遭受了什么之间摇摆不定。丽莎已经牢牢地印刻了早期温暖和幸福的记忆，现在想知道这些是否都是幻想。在我看来，缓解因此疑问所导致出现在她脑海中的焦虑的唯一途径，就是冒险将疑问调查核实。她很少与她的姐妹谈论这些时光，我建议她应该与她们分享一些她的感受。最后，当她和她姐妹中最年长的姐姐谈论这些的时候，她的大部分记忆都得到了验证。爱丽斯不光记得她们母亲的美好时光，也记得发生改变的时期。对她而言，她们的母亲开始喝酒与她们的外祖母的死有联系，母亲与外祖母相处得并不好——可怕的老妇人显然不赞成女婿和女儿之间多年来的相互折磨。当她们的外祖母死后，她们的母亲就离开了自己的丈夫和自己的孩子们，我们只能猜测这里面涉及的内疚感。

这一切开始让丽莎觉得有意义，她能够接受我在她自己对朋友和爱人的强烈依赖性和母亲的撤退之间作出的关联。根据她姐姐的说法，丽莎这时转向她的父亲，而他却无法回应她的需求。失去妻子也使得他变得孤僻。现在的问题是她是否不得不继续这种模式，从而使她继续成为一名个人生平的受害者。她想知道，为什么在所有的孩子当中只有她一个将父母之爱的撤退经验视为个人的摒弃。可能是她作为家庭中一名小孩的角色和她姐姐们的态度，

6 丽莎的转变过程

或是她所做的这些事情，在很大程度上导致了这种依赖困境。

接下来的几个星期，丽莎"很安静"，但是不再沮丧。会面期间，她也没有说过多的话，保持了较长时间的沉默，这似乎是她需要的。有时她会谈到在这些沉默的时段里她会想她的母亲，有一次还哭了，说这一切都是多么的丢人和遗憾。尽管她不敢说现在她发现她的父亲更容易相处了，但她想起他时也很悲伤。她希望她能够与她父亲谈论她的母亲，但是当她尝试的时候他转身走了。

即将结束

从这次开始，丽莎来得就不是很频繁了。我们的会面以"进展报告"的形式继续，而她直接参与的活动通常是工作与社会生活。她冒险与一个男人保持了一种非常亲密的关系，尽管她觉得对他情有独钟的阶段已经过去，但当他们第一次开始考虑结婚的时候，她还是体验到了大量的妒忌和猜疑。接着，她在英格兰中部申请了一份工作，她被接纳了，因此必定要在几周内离开伦敦。我们开始准备结束我们的会谈，回顾我们已经完成的任务并期待着她的未来。她表达了一些担忧，但更多的是自信，似乎觉得她获得的要比她刚开始咨询时期望的要多。她也相信仍将发生更多的变化。

我们的最后一次会面，我请她以丽莎的自我性格描述形式写下她未来两年内的愿望。她看到了自己能够处理好自己的新工作，并很享受这个工作。她描述了她的家庭，"没有太大的变化"，但是她自己能更好地维护自己与兄弟姐妹的关系，也更能包容她日渐衰老的父亲。她希望那时她已经结婚了，"满怀信心而不再受嫉妒的折磨困扰"。至于那时是否要小孩的问题，她很开明。但是，当我们谈论这个问题的时候，她说她很惊讶，认为以此来证明她作为一个女人的价值现在看起来并不是那么重要。

她自己将她现在的感受与她记忆中的我们首次见面时的感受作了一个对比。她回忆起她的焦虑和担心暴露所有缺点和不足。她把我看作母亲的某种化身；同时，辨识出随着时间的推移和她对所发生的事情承担越来越多的责任，这种把我看作某种母亲的印象是如何发生改变的。她表达了一些离别的悲伤，但已经不再依赖到我这里咨询。

对于我来说，我很真诚地说，我是多么喜欢和她在一起工作，并且极其欣赏她为想要作出的改变而所作的努力。她知道如果她需要她会再次与我取得联系，并说如果她发生了什么事，会与我保持定期联系。她与我保持了大约一年的定期联系。

一张圣诞贺卡写道，"经历了一些起起伏伏之后，她要结婚了，她的工作也做得很好"。

反　思

在 21 个月时间内，丽莎进行了 24 次咨询会谈。她来是因为她的

"害羞"和她工作中体验的恐慌症。一开始就很清楚，她对自己的负面构念导致了她糟糕的人际关系和焦虑的体验。还有因对父母的看法而导致的依赖问题的假设，随着我们咨询课程的进行，也被有效证明了。两份自我性格描述和两份积储格证明了她在第一个咨询阶段期间所出现的移动变化和后续期间的自我评价。她最初改变的实验与她对其他人更充分的构念和对自己行动、思想和感觉的详细描述有关。她学习了社会性，并质疑解释自身不足的旧理论。

只有当这些基础性工作做了之后，她才可能去强调围绕她依赖别人的更基本的问题。当她直面她对她父母的强烈的感情时，她提升了对自己的核心构念，并非充满欲求和无法满足的小孩。在她最后的信息中她所提到的"起起伏伏"表明形成她所想要的人际关系一直都不容易。但是，她证明了她自己能够承受在这样一个变化过程中不可避免地要卷入的焦虑、威胁和罪恶感。

在我们的最后一章中，我们将着眼于咨询过程的最后一个阶段。我们将考虑结束一系列会谈的影响，那些因素在结束的时候应该引起足够的重视，其中一些至关重要的方法在最后的会谈中可能被筹划安排。我们还应当考虑，一段时间的咨询，在一个人的整个生命如何起作用。

个人构念咨询过程的结束与评估及超越

7

在第2章，我们详述了个人构念咨询师在一系列的会谈前应该作何准备。我们认为她的目标包括：充分理解来访者的现状以及来访者由于自身经历而怀有的心理期待。同样，一段治疗周期结束时，即便不需要更多，但得有同样精心的准备。和在各个阶段一样，我们也需要预测这一重要阶段，以确保来访者充分认识到取得进展的意义，是构念的改变帮助他们解决了目前的困难，他们还得能把这种改变用于未来。只有这样，我们才会感到达到了咨询的目标（包括各种形式咨询）：帮助来访者继续前行，再次全面地掌控他们的生活。

充分心理成长的标志

咨询师一直以来寻找的是什么？哪些迹象能表明来访者已经开启新的航程并准备好了更有力地生活下去呢？如前所述，很多前来求助的来访者，他们的问题不是事情本身的难度而是他们处事（看问题）的方式。正如凯利（1955：832）所说："心理问题往往可以追溯到一个人的个人构念系统特征。因此，构念重构最有可能避免日后重蹈覆辙。"因此，来访者个人构念的特征是我们最先需要找到的信号，用来确定原来设定内容的完成情况。

来访者个人构念本质的变化　　我们已经举例说明，构念若极度紧张或者过分松弛，均不利于应对人际交往或者生活境遇。当我们能够看到，来访者在遇到新事物的时候能够放松构念以接纳诸多种结局，然后收紧对事件的构念以作出相对清晰的预测，这样我们就达到了一个重要的目标。我们在第3章所描述的莫里尔，本来与邻居有一定的纠葛，放松了有关人的构念，在与人打交道的早期可以作出更多的预设，只有当进一步了解之后，才收紧她的知觉。罗纳德的问题是他构念世界的整个系统过于松弛，已经到了精神分裂所特有的思维混乱的边缘。他充分地收紧以便规划他的未来，进而前所未有地获得了他的第一份全职工作。

在第3章我们看到了，玛丽和杰里米在决策时是如何以不同的方式陷入困境的。尽管不是每次都不出错，但他们能够在面临重要决策的时候启用CPC环路（慎重、先取和选择），这就说明有重要的改变发生了。这些以及个人构念的其他方面将作为我们关注的主要焦点，我们将这些领域的变化指标作为终止咨询的一个标准。

应对转变

在前面的章节中我们已经指出，如何通过帮助来访者更有意义地构念事件来缓解焦虑。如果他们能够以调研和好奇的精神去应对新的境况，而非恐惧和混乱，那么最起码在这方面，足以更加充分地去体验事物。我们观察到威胁和内疚使得有些来访者的自我感觉失灵。当我们看到他们更能觉知到改变的含义，自身发展出更加强大的内部资源，我们就能对他们将来应对生活充满信心。

我们强调了当来访者对某些核心生存方式的改变感受到威胁时，帮助其克服敌意的重要性。我们展示了有的来访者是如何紧握不放一个不再有效的个人"理论"的，如卢克作为一个口吃者的理论（第3章）在一段时间里禁锢了他，并且阻止了他达到他想要口齿流利的目标。为了作为口齿流利者这种陌生角色的焦虑，只有当他能够更有斗志时，咨询师（Fay）才能预期一系列会谈的结束。

其他考虑

解决移情事宜　　　　在一系列的会谈结束之前，需要考虑的咨询境况的一个重要的方面是与移情相关的，我们在第 5 章中已经讨论过。彼处我们建议把凯利所说的"次生移情"用作重构过程中的一个方面。来访者会将其过去关系中的各种人物构念用在咨询师身上，看看是否合适。咨询师之于这些构念或者有效或者无效，这可能后来就为来访者重构他人调准方向提供了基础。咨询师是该过程的偶然事件。

不过，在"初始移情"中，咨询师成为来访者生活中的核心人物，这种发展被凯利视为成长的障碍。很明显，只要这种境况存续，咨询就不会终止，预期要终止之前，就要好好给出如何解决它的建议。

关系的改变　　　　即便是工作过程中不存在移情事项，咨询师—来访者关系自身的改变也可能预示着来访者已经准备好要离开了。来访者变得不再依赖咨询师，而是自发地进行一些实验。他的世界辽阔了，他的能量也有了更多的方向。这些变化是主题讨论的变化中最为清晰的信号。从来访者的"问题"和他个人的直接关注点进展到更为广阔的兴趣领域。最终他真正"没有时间"再来了,生活太充实了。

来访者的生活境遇

尽管系列咨询的工作大部分事关来访者对生活事件的感知和处理,我们也不能忽略一些事实,许多人来找我们的时候正处在自己人生境遇绝对性地被颠覆时期。他们可能正经历丧子或丧偶的变故和悲痛,即将面临裁员的严重威胁,遭受知道自己病危的恐惧和混乱。在这种情况下,我们有义务在重构的过程为他们提供便利,使他们在处理这些事情的时候尽量感到清晰而有尊严,而这些情境依然存在。咨询结束的时机受外部事件的影响与当事人内在的改变一样大,也许要在相当长的一段时期内继续提供支持。

即便是在一些不太极端的案例中,在结束系列的咨询之前,考虑当事人的生活情境也很重要。对于终其一生都在处理与他人的关系这个问题上存在困难的人来说,最起码在他离开之前,他应该着手建立一个可以依赖的关系网,如一个因离婚而使得生活支离破碎的女人应该着手建立一个新的自我角色;一个被炒了鱿鱼之后即将从事一个全新模式工作的人,也许只有在很好地与咨询师分享转变的经验之后,才能独自启航。

客观情况

当然，在一段时间的咨询快要结束时，其他的因素也许会先出现。客观情况，例如时间空余与否和与咨询师的远近，也许意味着来访者得量力而行。不过，咨询只能通过一次或者几次的会谈发挥作用。在一些职业咨询中，一开始就要达成会谈的次数，并且要始终如一。此时，哪些应该继续做下去，哪些应该排除，这样的选择是非常敏感的。但是，就算来访者和咨询师都知道未解决问题的存在，也没有理由不相信达成有限的目标就没有价值。

逐步结束

除非有一些诸如时间之类的限制，否则在一段时期的每周一次的例行会谈之后，系列咨询突然中断便是不寻常的。通常情况下，来访者应付生活的改变不是一次性的，要想充分地确立起来，可以通过两周一次的会面，然后是三周一次的会面，适可而止。最后，就像我们在前一章中与丽莎交谈的那样，会谈也许并不频繁了，只是作为报告进展的机会。我们在与丽莎的最后一次会面记录中展示了如何规划这样的会谈。她被要求在两年内带来自我性格的描述，主要关注她对未来的预期。其实咨询一开始对改变的反思就已经发生了，尽管她对终止续约并没有感到什么不安，这样无疑更清楚，如果她有需要，还是可以随时联系佩吉。

来访者的选择

我们需要知道，在个人构念心理

咨询中，跟其他心理咨询一样，来访者也许会决定不再继续，即便是咨询师觉得有很多工作要做。改变前景本身也许是不可构念的，正如彼得那样（第4章），他将自己视作"非常快乐，任凭花开花落，一切顺其自然"。尽管在第4章的刻画中，没有一个来访者显现出不可逾越的咨询障碍，但是一个正在寻求支持去解决问题的人还是需要相当长的时间才能转变观点。来访者可能并非愿意等待那么长的时间。一个人"处于极度消极状态"的来访者能受到助益，不过，转变只会慢慢发生，并且只有当她坚持了足够长的时间之后才行。一个想要"立刻疗愈"的人也许会尝试一个又一个的治疗方法，不会对个人构念心理咨询师比对其他的咨询师更有耐心。不过，在大多数案例中，就如彼得那样，可以从我们的过渡性诊断中预测出当事人将不会继续下去。

结束咨询的规划

来访者和咨询师开始面临系列的终止时，无论处于何种特殊的情况，咨询师都得作出规划，既要回顾一下发生了什么，又要料想一下来访者未来的生活。

咨询系列的回顾

这也许是一种收紧的形式。尤其在一次咨询的延长期，将会有几次回顾性的会谈。例如，关于最初会面中探讨来访者问题的总结，或者由于度假而中断之前。有时候，就像第6章中与丽莎的会谈那样，一次暂停似乎比较合适，可以让来访者发展其自己所作的改变。在所有这些节点中，尤其是当面临一个系列的结束时，一起描画继续工作的事项和明确当下的情形是很重要的。

做到这些有好几种方法。在咨询早期完成过积储格的可以显示当事人自我知觉及其他的变化，同时还有他们总体上松弛或收紧有关人的构念。若是使用了同样的元素和构念，那么比较起来就更为直接。就像我们看到的，丽莎在她第二次的积储格中，自我评定就更为积极，"当前我"与"想成为的我"之间的差异变小了，显示出她的自我价值感的增长。如果最初采用了蕴意积储格（见第4章），我们能找到某一个构念蕴意数的增长或者减少。来访者作为一个流利的演说者展现的蕴意数的增长以及作为口吃者展现的蕴意数的减少，都反映了讲话的进步（Fransella，1972）。

不过，有时候当来访者扩展了她的观点，就人和情境使用更为广泛的构念，这就需要建立一个新的积储格加以凸显，也许用的是同样的元素和构念，但就为介绍新的构念提供了条件。一个年轻的女性，因为口吃而来咨询，一年后在第二次积储格时选择省略了"口吃的我"与"流利的我"，因为对她来说，讲话不再是第一重要的。这连同其他许多元素的变化一起，意味着所引发的构念本质上的变化。它们远不再只事关被理解，或者人们对她的问题敏感与否。

自我性格描述也可以作为回顾的一个有用的方法。一个人在咨询的末期再次写下的，可以与他在初期所写的仔细比对。第3章中所提到的杰里米，在决策方面存在问题，最初写下了他在商业冒险和女性交往中的失败所带来的沮丧。他渴望"过一种充实的生活"，富有且在会议和派对中"具有影响力"。他对那些"坐在角落里"、不愿冒险的人不屑一顾。18个月之后，当他即将离开咨询时，"成功"对他来说仍然很重要，但他下笔时思索了更多亲密关系的发展，包括男女两性的朋友，清晰地规划了他最终从事的职业。在两份描述的比较中，重要的是他发生了变化，他集中了他的精力，并且为他以前嘈杂的生活方式带来了一定的秩序。

有许多种方法可以让来访者表述他们在咨询期间所感知到的变化。他们也许只会简单地写下他们是如何看待所发生的一切的，跟咨询师也许是一样的。二者的相似和不同也许凸显了进展的某些方面，他们一起开展工作的办法对双方都有益处。伊万因为"缺乏社交和沟通技能"，被他的公司送到佩吉这里进行为期10周的系列会谈。在我们的共同努力下，他认为有一些重要因素，并给出了一个典型而轻快的总结：

对他人的注意：目光交流、倾听、不打断、由衷的兴趣。

自我引导：放松、清晰地思考，保持心智活力、身体健康。

我的版本大致上与这些观点相同，但有一页半的篇幅。他进展不错，在变成一个更好的沟通者的过程中，自然而然地学习了大量有关自己和他人的事情。尽管如此，我没有认识到他会那么重视我的一个提议，即在力求高效地工作和善待他人时，需要照顾好自己的身体。他将游泳视为培养更好的身体意识的一个主要因素，反过来，这也帮助他在与他人的关系中得到放松。

对于那些觉得绘画可以有助于其自我表达的来访者来说，我们在系列的咨询中，可以时不时地用图片来追踪变化的过程。再者，比较早期和晚期的图片能够比语词更清楚地传达重构的情况。利用咨询师对来访者非言语行为层面的敏感性，比较他们首次和末次见面的意象，可以构成我们对变化的感知的重要部分。维诺尼卡，我们在第5章固定角色疗法部分所提到的，不仅在接下来的会谈中打扮得更有吸引力，而且通过动作和仪态展示出其精力的增加和对生活的热爱。

预料未来

如果个人构念心理咨询的目标是让来访者重新进取，那么未来和来访者所要打造的生活才是我们的兴趣所在。当然，我们会花费很多时间去构念过去的事件，但这是着眼于未来。因此，在来访者离开我们之前，重点在于，通过上述建议的方法去回顾和澄清的那些事项，是事关未来的事情和可能。在这里，自我性格描述再次可以派上用场。一个来访者可能被要求写一个自我图景，展望两年、五年和十年（第6章中提到了这样一个例子）。通过这些我们可以看到当事人能够通过最近的经验观照出前方多远的距离。如果有必要，我们也许可以将他们的注意力引向未曾考虑到的内

7 个人构念咨询过程
的结束与评估及超越

在的资源。

更特别的是，如果将来的事情可知，例如搬到另一个城市或者国家，换一份工作，结婚或者孩子 / 孙子出生，我们将要求来访者构念其蕴意。不管前景如何令人兴奋，无论前景多么兴奋，在发生的过程中总会有一些焦虑和可能的威胁，通过考虑其他的结果可能会减少，总是会存在一定的焦虑和可能的威胁。预测中改变越大，这个过程也就越重要。

存在一个终极目标吗？

假如时间和生活情境自身不存在特定的限制，那就有必要问问我们自己，是否存在这样一个的东西，如终极目标——努力实现的典范。以个人构念观点开展工作的咨询师没有一套规定当事人心理"症状"的解释，也没有一套他们"治愈"的规划。同样地，该理论也没有暗示，相信这个或者这个方法是导引当事人自己和他们生活的最好途径。因此，我们的目标是什么？除非我们见到来访者，并且渐渐理解是哪里出了问题、存在哪些有助于改进的资源，否则我们无法预料能取得什么进展。我们也不知道来访者自己愿意走多远。当呈现的问题解决了之后，我们可以说我们已经完成了任务；同时，我们也许会一致同意可以做比这更多的事情。

最佳作用

尽管在凯利的咨询方法中也许没有健康生活的处方，但在他的两卷本及后期的著作（1967，1977）中，他提出了一些非常清晰的关于成就的观点，不仅关于来访者的发展，也适用于在重构过程中涉及的人。正如埃普汀和阿莫里卡纳（1980）所指出的，当凯利说"最佳作用"时，他所指的超越了自我实现这样的概念，不仅仅是充分实现一个人当前的潜能。他超越了唤醒潜伏的品质和才能，而选择通过活跃的调查和实验、通过当事人前所未有的自我的创造性去不断地发现新的可能。

实际上，这种潜能是如此巨大，以致一个人不可能独自一人去成就。我们也受限于我们构念系统所涉及的所有的探索和实验。这是一个不断发现可能性和作出选择的过程，当事人既要扩展，又要与他或者她已知的自我充分相容。很少有人探索未知的时候完全与已知事物的接触相脱离。所以，这个过程不是随机的，在其内部有可触知的结构，即凯利所说的"经验的全部循环"。这在第3章中被描述为分为几个阶段：预料一个事件，涉入或者自我卷入，直面事件，确认或者否认预料的结局，最后，构念的修订。

泰莎的经验

这个循环的一个例子是泰莎的经验，她因为人际关系的不断失败而深陷麻烦。当她来的时候，她已经抑郁而且焦虑了很久，感到自己完全被孤立而且空虚，在她的工作和新的友情中都没有满足感。尽管她看起来黯淡无光，但是很清楚的是，在其他方面，她作出了生命中的诸多选择，使得她从一个机会寥寥的背景中脱颖而出，发展了可观的写作和编辑技能。社交方面，她感觉自己笨拙而无吸引力，为数不多的男性友情也"消失了"。尽管毫无希望，她的沮丧似乎还控制了一些能量，并且她真的希望有所改变。

构念可能性

我（Peggy）最开始探索她自己有待发展的方面。她说她没有什么东西可以给别人的，如果她走了，没有人会真正思念她。那么，这仅仅是一个有待满足的被理解的需要吗？不，她认为这是更为重要和更有创造力的事情，事关存在的本质。当我问她更多时，很清楚这不是外在强加的"义务"。她从小并没有被传达一种观念，认为为他人服务是生存的关键部分，这似乎只是生活中的一个合理的部分。

我问她为他人服务主要在于哪个方面。开始时泰莎一片茫然，后来她记起一个电视上有关音乐治疗的节目。她被音乐治疗中某些人的效果深深触动，那些人的感受和成长的潜能都曾被切断。

之前她从来没有提到过她能演奏几种吹奏乐器。很长一段时间她忽略了她的演奏能力，似乎是因为没人听，她自己也不大喜欢。她怎样才能知道她是否够格成为音乐家并且具有音乐治疗师的潜能呢？她只能冒着被别人评价的风险，那些人可以培训音乐治疗师。下了巨大的决心后，泰莎上了几次课恢复她的演奏技巧，并且感到已准备好申请一门课程。

预料选择的结果

在她做这些之前，我让她看看她的选择的蕴意。她认为她应该能够被接受，当我们角色扮演了预期的面试，询问了她想参加培训的原因，她能够较为深刻地展开分析。当然，结局不是必然的定论，存在她不被接受的风险，但是她觉得这是个值得冒的风险。所以，她预先想清楚了，准备好让自己去迎接这个挑战，她会遭遇很多令她焦虑的事，但是也会有很多令人兴奋的事。她被接受了，尽管她的预期得到了验证，但是当学习了课程的更多细节后，仍然要做一些重构。

在她开始之前，我们再次看了看她的预期，她最关注的焦点是在课程中处理好与老师和其他人的关系。然后我们的工作就集中在了她如何以一种不同于以前的方式来处理关系。再次主要是通过角色扮演，发现她缺少构念他人想法的技能。这个咨询节点的主要目标变成了发展更厉害的社交能力。

直面经验

毫无疑问，在才开始的6个月中，对经验的承受和直面带给她了一些压力和自我怀疑。不过渐渐地，她不仅在工作中感到舒适，而

7 个人构念咨询过程
的结束与评估及超越

且与所有交往的人也变得相宜。她的有些预期得到了证实，有些被证伪，她有了大量构念修正要做。

随着课程的进行，她稳步成长，并且爱上了那份工作。她不仅学会了与需要帮助的人处理关系，而且与同辈的关系也处理得很好。然后，到了她获得证书并且即将开始新的职业的时刻。经验的循环又开始了……

并非每个人都能完成这些循环，并且至少在当前他们的功能仍未至臻至善。例如，汤姆来的时候同样对他的很多地方都不满意，并且有很强烈的想要改变的愿望。他感到他的生命没有用处，渴望一些有意义的事情。不过，在他的案例中，尽管有丰富的观念和对事件相当深入的预料，他却有最大的践行困难——梦想可能的新视野总是比展开行动上安全。

对于另外一个来访者雷切尔来说，在很长一段时间她都希望实践一下新的观念，甚至自己都行动起来了。但是，她不能处理与预期不一样的验证，因而退行到她带有敌意的经验中，不想改变她的构念。不过后来，她不仅能对选择的结果作出更好的预测，而且还能够忍受无效的预测，从而迈步重构，然后再次开始。

心理咨询师的经验

由于在这本书中我们已经指出了自反性的重要性，我们对经验循环的整个过程的探讨不可避免地要强调咨询师需要与来访者在整个阶段共同合作，凯利 (1977：12) 在谈到自己作为一个临床心理学家的角色时，他的主张如下：

除非我深入了解那位处在人生转折点的来访者，除非我试图预期他在此时所作决定的结果，除非我作出一些承诺参与到他的日常生活中，除非在这种情景下我重构心理学而不仅仅是运用它。我意识到作为一个心理学家，我应该有所成就而不仅仅是积累咨询个案以增加工作简历的内容。

从心理学家这一视角，我们了解到咨询师；从心理学这一视角，我们了解到心理咨询；从咨询目录这一视角，我们了解到一个完整的咨询个案。像汤姆一样，我们可能不会完全实现对自己的承诺；像雷切尔一样，如果我们不深入了解我们所做的事，我们也会拒绝承认重建的需要。

发挥咨询的最大作用

显然，个体能跟随着这种经验循环走多远取决于许多因素，其中主要的一个因素可能就是处理在经验循环中涉及的焦虑与威胁。在本书中我们已指出，在这种冒险中保持自我明确感的重要性，也指出了不是每个人都能够冒险承受着巨大的挑战。那么，我们如何知道来访者已暂时性地达到一定的潜能，再将咨询继续进行下去已无意义呢？答案是我们不知道，而且作为心理咨询师的我们也不能判断来访者的最大潜能。但是，心理咨询总有结束的时间。一些来访者带着具体的问题来寻求帮助，当问题得到解决后，他们带着微笑离开了。一些来访者的咨询期会长一些，我们希望能将咨询继续进行下去，并且希望来访者在他们的生活中能独自或在他人的陪伴下进行下去。

个人构念咨询是一个独特的改变时期

对任何一个来访者来说，心理咨询的这段时间既不是改变过程的开始，也不是改变过程的结束。然而困住他们的是，他们是带着先前的生活经验和构念系统来寻求帮助的，这种系统以不同的方式进行着改变和发展。本书自始至终都在强调一个观点，即心理咨询会谈只是咨询师和来访者共同工作的一部分，发生在咨询会谈间隔期间的事情促使了更多的改变"行为"。需要明白的是，在这种合作关系中，发生的任何改变，只有一部分是与咨询师的理解和参与有关的。尽管如此，凯利认为这种合作关系的特征使这段时期来访者的改变不同于他人生中的其他改变。

不像在朋友关系或家庭关系中关注共享经验，在咨询师与来访者的关系中，关注的焦点只在来访者的经验上。咨询师对事物的个人看法暂时被搁置一旁，取而代之的是一个纳入了来访者看法的专业的构念系统。正是这些专业的构念系统指引着咨询师作出自然而适时的特定干预。个人的构念机制影响着整个咨询的结构和咨询的进展，应根据来访者可能卷入的焦虑及威胁的程度来选择咨询的领域。通过了解来访者的内疚或敌意经验以及评估来访者在放松或收紧自身构念的能力，咨询师选择在某一时刻帮助来访者维持脆弱的现状，而在另一时刻激励来访者的雄心壮志。

尽管人生中的一些改变是按照计划作出的，而另一些改变通常是在未清楚意识到发生了什么事情的情况下，应环境之需求而作出的。当人们感到陷入僵局和迷惑不解时，咨询师通过定期的咨询会谈给来访者提供的澄清和结构，以及双方一致同意的目标会给来访者在人生中的混乱时期带来稳定感。与此同时，在这种安全框架中，来访者有机会体验各种情感而不怕受到伤害，有空间去除对事物看法的各种限制，有机会去设想事情会如何进展。正是这种安全感和自由的结合，再加上心理咨询关系的本质，使得个人构念咨询有益于心理上的改变。

总　结

在本章我们讨论了结束一段心理咨询时会涉及的一些问题。我们考察了来访者准备就绪继续前行的一些迹象并提供了一些方法，可用于重新审视作出的改变和阐明对未来的期望。最后，我们一并讨论了在最佳作用中咨询的地位以及我们对这种行为提供了一段特别时期变化的咨询的看法。

后记

终于到了付梓的时候了。与个人构念心理学结缘，是十多年前的事了。译者之一的王堂生在攻读武汉大学心理学硕士学位期间，一次偶然的机会到位于楚雄大街的湖北图书城闲逛，被一套名为"20世纪心理学通览"的译丛所吸引。里面若干部著作的名字都很悦目，细看之下，原来都是大家之作，其中《个人结构心理学》的内容深深地打动了译者。他大概没有想到，这一次偶遇竟成了他学术生涯的重要节点——无论是在硕士论文的分析方法中，还是在日后高校的科研和心理咨询实务中，他都受到了个人构念心理学的深刻影响。

乔治·凯利是当时的《普通心理学》里必然会提及的心理学家，在心理学史上更是认知学派的先驱，他提出的"人是科学家"的隐喻在行为和动机研究中影响甚大。他在自己唯一的著作里采用明快的叙述方式对人的心理世界进行了综合性的阐释，抽丝剥茧，扣人心弦。尽管个人构念心理学以其个人构念积储格、固定角色疗法等技术著称于世，但其背后的"建构替换论"的哲学理念或许更值得人们关注。每个人都类似于一个科学家，通过构念的两极形成物以类聚、人以群分的认知系统，在自己的生活实验中不断形成和调整着自己的概念和假设，从而对个人的生活世界进行解释和预测。这一明快简单的哲学假设，虽然会因为力图将情绪和动机等对人类行为具有影响的因素统合起来而显得有些晦涩难懂，但总体上是具有很强的说服力的。尽管它被当成认知心理学的先驱，但它反对二元论的观点，并不刻意贬低情感的作用，而是将情感和认知视为一体，将所有人的动机都类比为科学家的动机，比动物本能和还原论的分析方法更为高明，在反对二元论方面，个人构念心理学的方法与东方整体性的思维方式有不谋而合之处。

本书译者十年前就对乔治·凯利两卷本的《个人构念心理学》英文原著有所研习，在十年后重回珞珈山攻读博士学位之际，有幸受邀承译本书。本书作者费·弗兰赛拉（Fay Fransella）可谓是继乔治·凯利之后的个人构念心理学第二代灵魂人物。她曾在医院工作，本科毕业于伦敦大学心理学专业，随后在伦敦的精神病学研究所进行了长时间的临床心理学培训，博士学位攻读的方向正是个人构念理论，曾经专程拜访过凯利的遗孀，复印了当年凯利留下的一箱子译稿，并获得了随意使用的权利，包括出版的权利。1977 年，牛津大学举办了第一届个人构念心理学国际会议，随后每两年举办一次，1981 年，费·弗兰赛拉在伦敦创办了个人构念心理学中心，在采用该方法进行的心理咨询实务方面著述颇丰，此书是其代表作之一。

本书译者自 2014 年开始着手翻译，时至今日已经历时四载，在此期间，译者曾前往伦敦，本意专程拜会本书作者弗兰赛拉，联系后方悉她已经不在人世。念及在翻译过程中不断预演的对话再无可能进行，不禁唏嘘不已。斯人已逝，来者当勉，本书可算作译者尽绵薄之力，应其志业，在中国传播个人构念心理学的薪火。

本书由王玉良翻译了第一章、第三章和第六章，王堂生翻译了第四章和第五章，唐加宁翻译了第二章和第七章，最后由王堂生统一审校。在此过程中，本书编辑温亚男女士做了大量的工作，在本书翻译和校对的过程中，她字斟句酌，倾心相助，可以毫不夸张地说，她付出的心血是本书质量的保证。此外，常保瑞、李刚、许兰、吕兆芳、杨琪等人为本书的翻译和校对也做了许多细致而微的工作，并提出了许多建设性的意见和建议，在此一并表示感谢。是为记。

2018年2月4日

于珞珈山

图书在版编目（CIP）数据

个人构念心理咨询实务 /（英）费·弗兰赛拉
（Fay Fransella），（英）佩吉·道尔顿（Peggy Dalton）
著；王堂生等译.—重庆：重庆大学出版社，2018.1
（心理咨询技术和实务系列）
书名原文：Personal Construct Counselling in
Action
ISBN 978-7-5689-0908-2

Ⅰ.①个… Ⅱ.①费…②佩…③王… Ⅲ.①心理咨
询 Ⅳ.①B849.1

中国版本图书馆CIP数据核字（2017）第286182号

个人构念心理咨询实务（第2版）
GEREN GOUNIAN XINLI ZIXUN SHIWU

［英］费·弗兰赛拉
［英］佩吉·道尔顿 著

王堂生 等 译

鹿鸣心理策划人：王 斌
策划编辑：温亚男
责任编辑：杨 敬 叶竹君
责任校对：秦巴达
责任印制：张 策

重庆大学出版社出版发行
出版人：易树平
社址：（401331）重庆市沙坪坝区大学城西路21号
网址：http://www.cqup.com.cn
重庆国丰印务有限公司印刷

开本：890mm×1240mm 1/32 印张：8 字数：159千
2019年2月第1版 2019年2月第1次印刷
ISBN 978-7-5689-0908-2 定价：56.00元

版贸核渝字（2014）第 182 号